플라스틱
성형

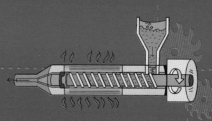
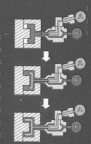

PLASTIC MOLDING

알기 쉬운
플라스틱
성형

요코타 아키라 지음
원시태·유종근 옮김

교문사

국내 산업현장에서 금형의 중요성과 역할을 인식하고, 교육부로부터 서울과학기술대학교에 금형인력의 양성을 위하여 국내에서 처음으로 금형설계학과가 개설되었던 1984년에 교수로 부임하여 금형교육의 일선에서 교육에 전념한지 어느덧 36년여의 세월이 흘렀습니다. 그동안 금형설계학과를 졸업한 동문들이 국내외의 금형산업현장에서 활발히 활동하고 있는 모습을 보면 한편 큰 보람도 느끼고 있습니다.

금형설계학과 개설 당시에는 국내 금형기업의 규모와 현황이 제대로 파악되지 않은 상황이었고, 중소기업청(현, 중소벤처기업부)의 지원 하에 당시 전국의 금형기업의 현황 실태조사 분석에 참여하였던 기억이 납니다. 또한 금형교육을 위한 전문도서의 대부분이 외국 서적이어서 번역에 의한 교육을 실시하였습니다. 그 이후에 국내의 금형관련 교육기관이 확대되었고, 한글로 출판된 금형전문 서적과 교재를 많이 볼 수 있습니다. 국내 금형산업 또한 반도체를 포함한 전자산업과 자동차산업을 포함한 제조업의 관련 금형분야별 기업체의 수와 규모 및 기술수준이 비약적인 발전을 거듭하여 현재는 금형생산 및 제조에 있어서 세계 5위 생산국, 세계 2위의 금형수출국의 위치에 우뚝 섰습니다.

그러나 현재도 "금형"의 용어는 대다수의 일반인에게는 익숙하지 않고, 특히 대학의 금형분야 학과에 진학을 희망하는 고등학생들과, 금형관련 대학에 입학한 신입생 및 금형 비전문가로 금형기업체에 입사한 신입사원 여러분들에게는 여전히 생소한 용어로 느끼고 있어 "금형"의 정의와 역할을 손쉽게 이해할 수 있는 교재가 필요할 것으로 항상 생각하고 있었습니다.

이런 중에, 일본의 일간공업신문사에서 출판한 《알기 쉬운 금형》 책의 구성과 내용이 금형 입문자에게 매우 손쉽게 이해할 수 있음을 알수 있었고, 일본 금형공업회 회장을 역임하신 오가끼세이꼬㈜의 우에다가쯔히로 회장님의 도움으로 한글 번역판을 2018년 12월에 출판하였습니다.

한편 다양하고 넓은 "금형분야" 중에서 "프레스 가공"과 "플라스틱성형"이 차지하는 영역이 산업체 현장에서 매우 중요하여, 2020년 5월에 《알기 쉬운 프레스 가공》의 한글 번역판을 후속으로 출판하였고, 이번에 《알기 쉬운 플라스틱성형》의 한글 번역판을 출판하게 되었습니다. 번역 내용 중 관련 전문용어는 가능한 일본어 원본에 충실하도록 노력하였고, 본 번역서가 "플라스틱성형" 분야에 관심이 있는 많은 분들에게 플라스틱성형에 대한 기본개념을 쉽게 이해하고 활용할 수 있도록많은 도움이 되었으면 합니다.

마지막으로 본 번역서의 출판을 위해 많은 관심과 후원을 해 주신오가끼세이꼬㈜의 우에다가쯔히로 회장님과 일간공업신문사의 관계자분과의 출판 협의에 많은 도움을 주신 일본 시바우라공업대학의 사와다께카즈 교수님에게 특별히 감사의 마음을 전합니다. 번역서 작업을위해 함께 고생하신 유종근 뉴테크 대표님 및 출판을 수락하여 주신 교문사 및 일간공업신문사의 관계자 여러분께도 감사의 말씀을 드립니다.

2020년 12월
역자 대표 원시태

우리들의 일상생활에서 플라스틱은 이미 공기와 같은 존재로 되어 있는 것은 아닐까? 여러분의 주변을 살펴보면 편의점에서 팔고 있는 콜라를 포함한 다양한 음료수 페트용기, 샴프용기, 과자봉투, 집 안에서 볼 수 있는 텔레비전, 세탁기, 냉장고의 본체도 플라스틱이다. 회사에 가면 컴퓨터, 키보드, 복사기, 자동차의 내장부품류, 휴대폰 등등 존재하는 많은 것이 플라스틱을 사용하고 있는 것에 다시 한번 놀란다.

영어에서 플라스틱은 본래의 의미에 '가소(可塑)'가 있다. 이것에 대해서는 본문에서도 설명하지만, 현재는 플라스틱 본래의 단어 의미의 '가소'에서 벗어난 의미로 된다. 현재는 모두가 플라스틱이라고 듣고 느끼는 의미는 변화되고 있다. 찰흙형태의 모양이 아니더라도 플라스틱이라고 느끼고 있는 그 플라스틱의 의미이다. 언어라고 하는 것은 종종 인간이 물건을 표현하는 도구로서 발달해 온 것이었다. 그렇기 때문에, 시대에 따라서 물건의 개념이 변화해 오면서, 그에 동반되어 단어의 의미도 변화해 간다. 한자도 원래는 상형문자에서 발달해 왔지만, 현재는 눈에 보이지 않는 것에서 만들어진 한자도 있다.

본문을 읽으면서 이해하리라 생각되지만, 플라스틱을 사용해서 물건을 만드는 플라스틱성형은 오래 되었으면서도 새로운 것이다. 오래됐다는 이유는 플라스틱이 발명되기 전에도 비슷한 성형방법이 있었기 때문이다. 플라스틱성형도 그 응용에 따라서 다양하다.

그러나, 플라스틱은 새로운 소재이기 때문에 이전의 재료와는 다른 성질을 갖고 있다. 이 성질을 이용하면서 다양하게 발전을 해 온 것이 현재의 플라스틱성형이다.

플라스틱성형에도 여러 가지 종류가 있지만, 혹시나 미래에 분자 구조도 자유스럽게 만들 수 있게 되어 3D프린터도 초고속으로 저렴하게 할 수 있게 되면, 아직은 꿈 같은 이야기이지만 플라스틱성형은 하나로 통일될 지도 모른다.

필자가 어렸을 때의 흑백 텔레비전 시대는 '우리들이 살아 있는 동안에는 컬러 텔레비전의 출현은 불가능할 것이다'라고도 말했었다. 지금은 그것도 넘어서 벽걸이 텔레비전이나 스마트폰, 태블릿과 같은 것을 들고 걷는 시대가 되었다.

이와 같이 최첨단 제품에서 생각하면 플라스틱성형은 아직도 원시적인 것이기 때문에 앞으로도 크게 변화된 새로운 방법이 출현할 지 모른다. 그렇지만 물건을 만드는 것은 공학적으로도 경제적으로도 효율적인 방법이 선택되기 때문에 현재의 성형방법이 그대로 살아남게 될 지도 모른다. 원시적인 것이라도 경제적으로 효율적인 것이라면 살아남는다. 여러분들에게도 이와 같은 관점에서 여러 가지의 플라스틱성형이라고 하는 것을 이해하게 된다면 기쁨으로 생각한다.

본 서적을 출판하는 데 처음부터 조언을 주신 일간공업신문사의 노자와신이치 씨께 감사의 말씀을 드린다.

2014년 3월
기술사 · 플라스틱성형 특급기능사 요코타 아키라

차례

제3장
가래떡 만드는
것과 비슷한
압출성형

제6장
기타 플라스틱
성형

11

제7장
접착과 용착

제8장
플라스틱의
도장, 인쇄,
도금 등

제 **1** 장

플라스틱과 플라스틱성형

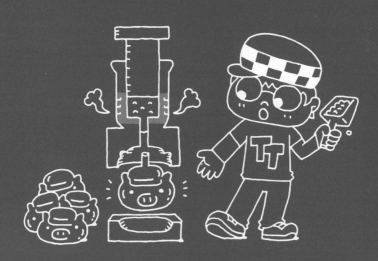

1

셀룰로이드의 성형방법

역사상 처음으로 공업화된 인공 플라스틱인 셀룰로이드는 코끼리 상아에서 만들어진 당구공의 대체 재료로써 탄생했다. 당구공은 코끼리 한 마리에서 8개 정도 밖에 만들지 못하고, 대량의 코끼리가 살해되는 시대였다. 이러한 것을 염려한 당구공 제조회사가 상아의 대체 재료의 개발에 상금을 걸었던 것이다. 그리고 영국인 알렉산더·박스와 미국인 존 웨슬리 하이어트라는 사람이 이 대체 재료를 발명해서, 1870년대에 상표등록을 한 것이 셀룰로이드였다.

셀룰로이드는 장뇌(樟腦)와 니트롤셀룰로스라고 하는 것을 혼합해서 만든다. 가열하면 점토처럼 부드럽게 되어 가공하기 쉬워진다. 그리고 모양을 만들어서 식히고 굳히면 셀룰로이드 제품이 만들어진다. 셀룰로이드는 본래 상아의 대체 재료이기 때문에 고가였지만, 시대의 흐름과 함께 저가로 제조할 수 있게 되어, 그 후로 여러 가지 셀룰로이드 제품이 만들어지게 되었다.

만드는 방법은 셀룰로이드판을 잘라 붙여서 가공한 풍차의 날개와 같은 셀룰로이드를 열탕에서 뜨겁게 하여 부드럽게 하고, 틀에 넣어서 탁구공 모양으로 만드는 것과 두 장의 판을 달구어서 그것을 틀에 넣어서, 사이에 공기를 불어 넣고 부풀려서 인형이나 동물의 모양을 만드는 것 등이 있다. 뒤에서 상세하게 설명을 하겠지만, 이러한 성형방법은 현재에도 여러 가지 플라스틱의 성형에 똑같이 사용되고 있다.

그런데, 셀룰로이드는 타기 쉬운 결점이 있고, 미국에서는 화재가 많이 발생했다. 그 이후, 법률이 개정되어서 셀룰로이드를 사용할 수 없게 되었고, 셀룰로이드를 대체해서 플라스틱이 사용되게 되었다. 그 때문에 지금은 거의 셀룰로이드를 일상생활에서 볼 수 없게 되었다. 그러나 현재에도 탁구공은 셀룰로이드로 만들고 있다.

최초의 열가소성 플라스틱

요점 BOX
- 플라스틱의 기원은 셀룰로이드
- 셀룰로이드는 코끼리 상아의 대체에서 시작되었다.
- 셀룰로이드는 쉽게 불에 탄다.

셀룰로이드의 탄생

상아

뭔가로 상아를 대체할 재료는 없는 것일까?

상금으로 발명된 셀룰로이드

지금은 셀룰로이드는 잘 타기 때문에 많이 사용하지 않고 있다.

지금도 탁구공에는 사용되고 있다.

탁구공

옛날의 셀룰로이드 인형

2 플라스틱과 여러 가지 성형방법

플라스틱이라고 해도 셀룰로이드처럼 온도를 높이면 부드러워져서 점토와 같이 모양을 만들기 쉽고, 그 뒤 냉각하면 단단해지는 것만 있는 것은 아니다. 사용할 때에는 고체지만, 제품으로 되기 전의 상태는 점토처럼 되는 경우이거나, 물처럼 액체로 있는 경우 등 여러 가지의 경우가 있다. 자르거나, 늘려서 맞추어 만드는 방법도 있지만, 이와 같이 단순한 방법은 제외하고, 플라스틱 성형법은 플라스틱의 굳기 전의 재료상태에 따라서 성형방법이 달라진다.

먼저 성형할 때의 재료 상태로부터 살펴본다. 점토와 같은 상태이면 틀에 넣어서 모양을 만들 수 있다. 물과 같은 액체라면 콘크리트처럼 틀로 만들어진 공간에 흘러 넣어서 굳히는 방법이 될 것이다. 또한 섬유와 같은 것에 스며들게 해서 굳히는 것도 가능하겠지만, 약간 끈적해지면 섬유에 스며들게 하는 것은 어려워진다. 그러나 점도의 점성이 커지면 시멘트를 바르는 것처럼 하는 것도 좋을 것이다. 녹은 유리처럼 물방울 모양이 된다면, 유리세공처럼 불어서 부풀리며 만드는 방법도 생각할 수 있다. 물과 같은 상태라면, 금방 파열되므로 이 방법을 사용할 수 없다. 이와 같이 재료의 상태에 따라서 성형방법은 제한된다.

다음은 제품의 형상에 대해서 생각해 본다. 꽃병과 같이 내부가 비어 있는 모양의 경우에는 외측을 금형으로 감싸서 풍선처럼 부풀려서 모양을 만드는 방법이나, 액체나 가루를 금형의 내측 벽에 달라붙게 해서 성형하는 것도 가능하다. 모양이 나오게 엿처럼 길게 만들어서 자르면 단면에 계속 같은 모양이 되는 것도 있고, 묵이나 우무처럼 물렁한 것은 통에 넣어 밀어내면 국수처럼 만드는 것도 적합한 방법이다. 전선과 같은 것이 들어 있는 경우에는 전선을 잡아 빼면서 만드는 방법도 있다. 이와 같이 여러 가지의 플라스틱 성형방법을 아는 것은 우선 플라스틱이 무엇인가를 알 필요가 있다. 간단히 살펴보도록 하자.

요점
BOX
- 플라스틱의 성형은 일상의 주변에서 볼 수 있는 방법과 같다.
- 재료나 목적에 따라서 방법이 달라진다.

성형방법은 주변에 있는 방법

주변에서 볼 수 있는 여러 가지 성형방법

콘크리트 형틀

유리세공

국수밀기

시멘트를 벽에 바르기

통에 묵을 넣고 밀어낸다.

사용하는 재료의 상태나 모양 등의 목적에 따라서 성형방법이 달라진다.

여러 가지 방법이 있구나!

3 여러 가지 플라스틱(1)

플라스틱이라는 것은 인공의 고분자를 말한다. 고분자는 천연의 것도 있다. 단백질이나 송진 등의 수지나 DNA(Deoxyribo Nucleic Acid, 디옥시리보 핵산)도 천연의 고분자이고, 우리들의 몸도 고분자로 되어 있다. 송진(松津)과 같이 소나무의 진(脂)을 수지(樹脂)라고 부르지만, 플라스틱도 수지(樹脂)라고 부르고 있다. 고분자는 분자가 연결되어 큰 분자로 되어 있다. 그 중에서 끈처럼 길게 이어져 있는 것이 플라스틱이다. 잠시 고등학교 시절에 배운 화학을 생각해보자.

물이나 이산화탄소 등이 분자이다. 물은 H_2O로 잘 알려져 있다. H는 수소, O는 산소이고, 이들은 원자이다. 분자는 원자에서 구성된다. 수소원자는 1개의 손을, 산소원자는 2개의 손을 가지고 있고, 이들의 손과 손을 연결해서 잡는다. 손은 상대방 손과 연결되지 않으면 안정될 수가 없다. 2개의 수소원자와 1개의 산소원자가 결합되면 원자의 손이 모두 잡고 있어서 안정된다. 이산화탄소는 1개의 탄소원자와 2개의 산소원자로 되어 있다. 그렇기 때문에 산소 2개(2산화)와 1개의 탄소로 결합하면 이산화탄소라 부르고 있다. 탄소는 손을 4개 가지고 있고, 산소는 2개이기 때문에, 이것도 손을 잘 잡고 있으므로 안정되어 있다.

여기서 더 간단한 구조를 가지고 있는 플라스틱의 분자를 설명한다. 폴리에틸렌이라고 하는 플라스틱이다. 에틸렌은 2개의 탄소와 4개의 수소로 구성된 분자이다. 탄소 4개의 손 중에서, 2개가 수소와 손을 잡고 있다. 남은 2개는 탄소끼리 2중으로 연결되어 있다. 이 2중의 손의 1개를 떼면 각각의 탄소는 양쪽 단에서 손이 1개 남는다. 그렇게 하면 인접한 에틸렌과 손을 잡을 수 있게 된다. 이것이 계속 연결된 것이 폴리에틸렌(PE)이라고 하는 가장 간단한 구조의 플라스틱이다.

간단한 구조의 폴리에틸렌

요점
BOX
• 플라스틱은 탄소 중심의 인공의 고분자
• 가장 간단한 구조를 가진 고분자가 폴리에틸렌

원자와 분자

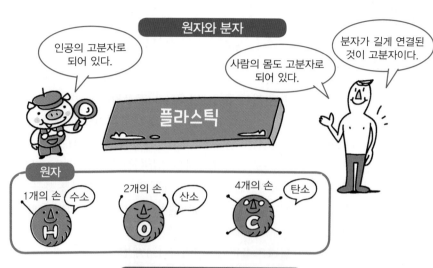

인공의 고분자로 되어 있다.

사람의 몸도 고분자로 되어 있다.

분자가 길게 연결된 것이 고분자이다.

플라스틱

원자

1개의 손 — 수소 — H

2개의 손 — 산소 — O

4개의 손 — 탄소 — C

에틸렌분자와 폴리에틸렌

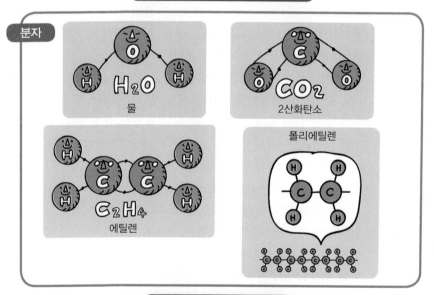

분자

H_2O
물

CO_2
2산화탄소

C_2H_4
에틸렌

폴리에틸렌

원자와 손의 수

원자	기호	손의 수
수소	H	1
탄소	C	4
산소	O	2
질소	N	3
불소	F	1

4 여러 가지 플라스틱(2)

에틸렌이 연결된 것이 폴리에틸렌이다. 프로필렌이 연결된 것도 폴리프로필렌(PP)이고, 스틸렌이 연결된 것이 폴리스틸렌(PS)이다. 염화비닐(비닐)이 연결된 것이 폴리염화비닐(PVC)이다. 모든 플라스틱의 근원이 되는 분자로 폴리라고 하는 접두어를 붙이면 플라스틱의 이름이 되는 것은 아니지만, 폴리라고 하는 접두어의 의미를 조금 이해할 수 있다. 앞에서 언급한 폴리에틸렌처럼 다른 플라스틱도 살펴보도록 하자.

폴리프로필렌은 폴리에틸렌의 수소 1개(H)가 탄소 1개와 수소 3개(CH_3)로 변한 것이다. 폴리염화비닐은 폴리에틸렌의 수소 1개가 염소(Cl)로 바뀐 것이다. 폴리스틸렌(PS)은 폴리에틸렌의 수소 1개가 벤젠고리의 탄소 6개와 수소 5개(C_6H_5)로 바뀐 것이다. 이렇게 다른 것으로 바뀌면 플라스틱의 성질도 변한다.

이 기본의 분자가 연결되는 개수를 중합도(重合度)라고 부르지만, 1만 개 이상이 연결된 것이 고분자로 불리는 플라스틱이다. 그런데, 분자가 한 줄로 길게 배열된 줄기식물 모양일 때에, 단순하게 한 줄기에 잎만 있는 것이 아니라 다양하다. 나뭇가지처럼 옆으로 퍼지거나, 몇 개가 갈라져서 연결되는 것도 있다. 다음 페이지 표의 HDPE와 LDPE는 같은 폴리에틸렌(PE)이지만, 배열법이 다른 예를 나타낸다. 이것은 다음 항에서 설명한다. 또한 규칙적인 배열에서도, 불규칙적인 배열에서도 플라스틱의 성질은 변한다. 중요한 것은 이 줄기의 배열법이나 가지의 연결법은 여러 가지 인공적인 제어를 통해서 플라스틱의 성질도 어느 정도 조절할 수 있다는 것이다.

뒤에서 설명하는 페트병의 페트는 폴리에틸렌 테레프탈레이트(PET/polyethylene terephthalate)이지만, 에틸렌 이외의 다른 것도 연결되어 있기 때문에 폴리에틸렌과는 다른 플라스틱이다.

폴리프로필렌 · 폴리스틸렌

요점 BOX
• 폴리프로필렌, 염화비닐
• 폴리스틸렌

프로필렌분자와 폴리프로필렌

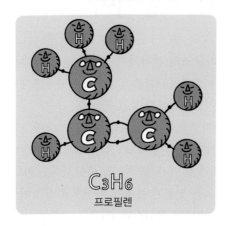

C_3H_6
프로필렌

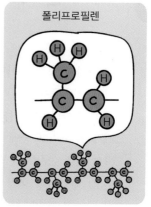

폴리프로필렌

열가소성수지와 열경화성수지의 종류

구분	명칭	기호
열가소성수지	고밀도폴리에틸렌	HDPE
	저밀도폴리에틸렌	LDPE
	폴리프로필렌	PP
	폴리아미드(나일론)	PA
	폴리카보네트	PC
	폴리아세탈(폴리옥시에틸렌)	POM
	폴리메타크릴산메칠(아크릴수지)	PMMA
	폴리염화비닐	PVC
	폴리스틸렌	PS
	아크로니트릴 · 부타젠 · 스틸렌	ABS
	폴리에틸렌테레프탈레이트	PET
	폴리프로필렌테레프탈레이트	PBT
	폴리페닐렌에틸	PPE
	폴리페닐렌옥사이드	PPO
	열가소성에스트라마	TPE
	폴리페닐렌서파이드	PPS
열경화성수지	페놀수지	PF
	유레아수지	UF
	멜라민수지	MF
	불연폴리에스테르수지	UP
	에폭시수지	EP
	폴리우레탄수지	PUR

5 호모폴리머와 코폴리머

조금 더, 플라스틱을 분자구조의 관점에서 설명한다. 고분자의 구조에 따라서 성질이 어떻게 변화하는가를 알면, 그 분자구조에 따라서 여러 가지 종류가 있다는 것을 이해할 수 있게 된다.

먼저 폴리에틸렌을 살펴보자. 이 고분자를 줄기로 그리면 1개의 줄기가 아니고, 도중에 가지가 나와 있다. 가지가 나와 있는 상태에 따라서 곁의 분자와의 거리가 넓어지기도 하고, 좁아지기도 한다. 실제로 가지가 나온 것이 많으면 연결된 틈새가 많아지고 체적이 늘어나기 때문에 폴리에틸렌의 밀도가 작아진다. 역으로 가지가 나온 것이 짧으면 틈새도 좁아지므로 밀도가 커진다. 따라서 전자를 저밀도 폴리에틸렌이라 하고, 후자를 고밀도 폴리에틸렌이라 한다. 저밀도 폴리에틸렌은 고밀도 폴리에틸렌보다 부드러운 성질이 있다.

다음은 폴리프로필렌을 살펴보면, 폴리에틸렌에 대해서 수소원자 1개가 탄소원자 1개와 수소원자 3개(CH_3)로 치환되어 있다. 그렇게 되면, 폴리에틸렌의 경우와 비교해서, 이 CH_3의 붙은 위치가 규칙적인 것과 그렇지 않은 것에 따라서 성질도 달라진다. 규칙적인 것은 곁의 분자가 나열되기 쉽고, 불규칙적인 것은 틈새가 작아지기도 하고, 커지기도 하기 때문에 분자가 나열되기 어렵다는 것을 알 수 있다. 일반적으로는 규칙적으로 나열되는 것이 강도가 크기 때문에, 공업적으로는 이쪽이 사용되고 있다.

그렇게 하면, 폴리에틸렌과 폴리프로필렌이 섞인 플라스틱도 만들 수 있다고 상상할 수 있다. 실제로 이와 같은 플라스틱을 코폴리머(Co-polymer)라 한다. 코라고 하는 것은 Co-op에서 익숙한 것으로 '공동' 또는 '2개 이상'을 의미한다. 코에 대해서 폴리에틸렌, 폴리프로필렌의 단위체(monomer)는 호모폴리머(Homo-polymer)라고 한다. 추가로 단위체라고 하는 것은 중합체(polymer)를 구성하는 기본적인 상태를 말한다.

요점 BOX
- 가지가 나온 것에 따라서 달라지는 폴리에틸렌
- 복수의 폴리머에서 만들어진 코폴리머

고분자의 가지치기

배열법이 다른 고분자

가지가 나온 것이 많기 때문에 곁의 분자가
가까워지기 어려워서 밀도가 작아진다.

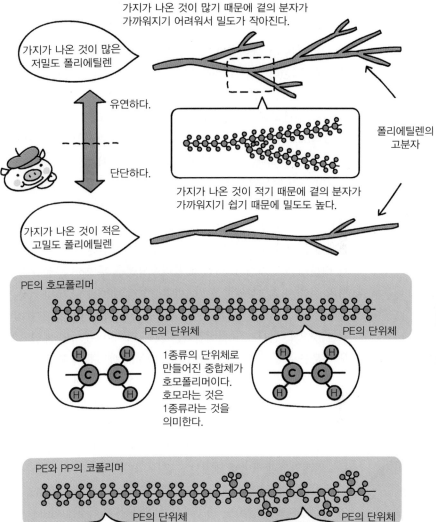

가지가 나온 것이 많은
저밀도 폴리에틸렌

유연하다.

단단하다.

폴리에틸렌의
고분자

가지가 나온 것이 적기 때문에 곁의 분자가
가까워지기 쉽기 때문에 밀도도 높다.

가지가 나온 것이 적은
고밀도 폴리에틸렌

PE의 호모폴리머

PE의 단위체

PE의 단위체

1종류의 단위체로
만들어진 중합체가
호모폴리머이다.
호모라는 것은
1종류라는 것을
의미한다.

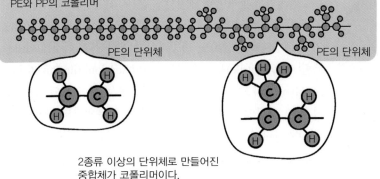

PE와 PP의 코폴리머

PE의 단위체

PE의 단위체

2종류 이상의 단위체로 만들어진
중합체가 코폴리머이다.

6 결정성과 비결정성

폴리프로필렌과 폴리에틸렌, 그리고 그 혼합의 폴리에틸렌·폴리프로필렌·코폴리머의 설명에 이어서 폴리스틸렌을 설명한다.

폴리스틸렌은 폴리프로필렌의 CH_3을 C_6H_5로 치환한 것이다. 이 C_6H_5은 벤젠고리이고, 거북등과 같이 큰 덩어리이다. 폴리스틸렌에도 폴리프로필렌과 같이 규칙적으로 배열되기 쉬운 것과 그렇지 않은 것이 있다. 그러나, 폴리스틸렌의 경우에는 C_6H_5라 하는 벤젠고리의 구성이 크기 때문에 규칙적으로 배열되기 쉬운 것도 공업적으로 있지만 보통은 배열되기 어려운 불규칙한 구조의 것이 사용된다.

배열법이 불규칙하다면 어떻게 되는가 하면, 이 불규칙한 정도가 전체에 균일하게 되어 있다. 광학적으로는 균일한 곳을 빛은 통과하기 때문에 투명해진다. 따라서 폴리스틸렌은 투명하다. 불규칙한 배치의 것을 비결정성이라 한다. 비결정성에 대해서 규칙적인 것은 결정성이다. 그러나 규칙적이라 해도 고분자의 배열의 일부가 규칙배열되는 것으로 전체가 규칙배열되는 것은 아니다. 분자의 배열되기 쉬운 부분은 부분적으로 규칙배열되기 때문에 배열된 부분도 그렇지 않은 부분이 불균일하게 존재한다. 이 불균일성 때문에 빛이 통과되지 않기 때문에 불투명하다. 이것은 기본적으로 결정성의 폴리에틸렌이나 폴리프로필렌에도 같은 의미이다. 고밀도 폴리에틸렌에 대해서 저밀도 폴리에틸렌에 투명성이 있는 이유이다. 또한 폴리에틸렌과 폴리프로필렌의 코폴리머에 대해서도 같은 의미이다.

폴리스틸렌은 버나 균열되기 쉽지만, 이것에 부타디엔(Butadiene)의 고무성분을 혼합하면 내충격성이 좋아진다. 이것에 아크릴로나이트릴(Acrylonitrile)을 혼합하면 ABS(Acrylonitrile Butadiene Styrene copolymer)라고 하는 플라스틱이 된다. 혼합하게 되면, 빛이 통과되지 않기 때문에 불투명하다. 이것들은 일부의 사례이지만, 고분자의 구조에 따라서 플라스틱의 성질이 달라진다는 것을 이해할 수 있다.

요점 BOX
- 분자의 배열방법으로 달라지는 결정성, 비결정성
- 비결정성은 투명

배열방법과 결정성

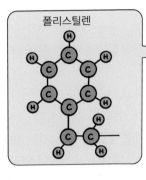

폴리스틸렌

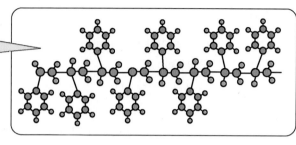

고분자는 실과 같기 때문에 전체가 균일하게 배열되지 않는다.

부분적으로 균일 배열되어 있다.

고분자가 균일배열되어 있지 않고 불규칙적인 상태이다.

부분적인 결정화상태

고분자는 배열형이기 때문에 전체가 모두 균일배열될 수는 없다. 둥글게 감싸진 곳이 부분적으로 배열되는 것이다. 이 배열의 정도를 결정화도라고 한다.

비결정화상태

고분자는 균일배열되어 있지 않고, 불규칙한 상태이다. 전체적으로 불규칙하지만 균일성이 있다.

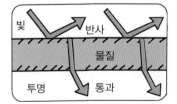

비결정성수지가 투명한 이유

전체가 비결정성으로 균일한 굴절률로 있기 때문에 투명해진다.

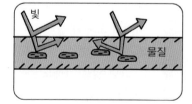

결정성수지가 불투명한 이유

결정화한 부분과 비결정성부분의 굴절률이 다르기 때문에 여기를 통과하는 빛이 복잡하게 굴절. 반사를 한다. 그 때문에 불투명해진다.

7 뱀과 고분자

다음은 열가소성과 열경화성으로 크게 구분한 2종류의 플라스틱을 설명한다.

플라스틱의 고분자를 뱀과 같은 것이라고 가정을 해보자. 뱀은 온도가 낮아지면 동면해서 움직이지 않는다. 온도가 높아지면 움직인다. 온도가 더 높아지면 더워서 헉헉 숨을 몰아쉴 것이다. 더욱 더 온도가 높아지면 타서 죽게 된다. 온도가 낮을 때에는 움직임이 없고 멈춰진 상태로 고체상태로 생각하면 된다. 모양은 변하지 않는다. 활발하게 움직이는 것은 부드러워져서 모양을 변형시킬 수 있는 점토의 상태이다. 유동성이 있을 때에 틀을 준비해서 성형을 하면 된다. 그리고 다시 온도를 내리면 고체로 되어서 모양이 만들어진다. 온도를 내리면 굳어지고, 온도를 올리면 물렁해지는 것은 몇 번이고 반복된다. 이것을 가역적이라 한다. 더 온도를 높게 하면, 타버리기 때문에 가역성에는 온도범위가 있다. 이와 같이 가역적인 플라스틱은 열가소성수지라고 한다. 여기서는 플라스틱도 수지도 같은 의미로 생각하자. 그러나 이와 같이 가역적인 거동의 플라스틱만 있는 것이 아니다.

또 하나의 열경화성 플라스틱을 소개한다. 앞에서 뱀이 움직이고 있는 온도의 상태에서 배열(묶음)하는 것으로 생각하면 이해하기 쉽다. 배열된 뱀이 다른 뱀과 또 배열하게 된다. 묶이기(배열) 전에는 움직이고 있었는데, 배열이 되면 움직이지 않게 되어 버린다. 온도를 올려도 배열이 되어 있기 때문에 움직이지 않는다. 움직이지 않는다는 것은 굳어져서 고체의 상태 그대로인 것이다. 열을 가했을 때에만 배열할 수 있는 플라스틱은 열경화성수지라고 하며 열에 대한 가역성이 없다.

그럼 열을 가해도 가역적으로 부드러워지지 않는 열경화성의 플라스틱은 어떻게 하면 성형할 수 있을까?

열가소성과 열경화성

요점 BOX
· 플라스틱에는 열가소성과 열경화성이 있다.
· 열경화성 플라스틱은 녹지 않는다.

뱀으로 비유한 열가소성 플라스틱과 열경화성 플라스틱

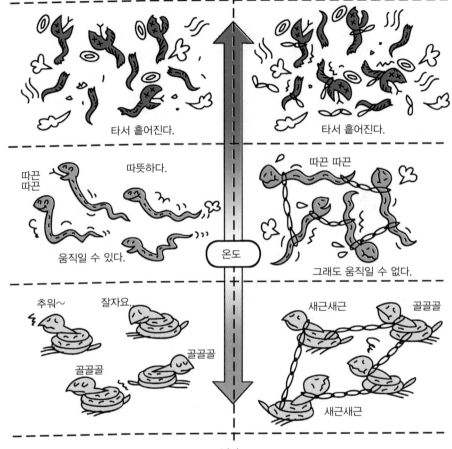

열가소성 플라스틱   높다.   열경화성 플라스틱

타서 흩어진다.   타서 흩어진다.

따뜻하다.

따끈 따끈   따끈 따끈

온도

움직일 수 있다.   그래도 움직일 수 없다.

추워~   잘자요.   새근새근   골골골

골골골   골골골   새근새근

낮다.

플라스틱의 분자를 뱀으로 예를 들면…

플라스틱은 긴 사슬상태이므로 뱀에 비교된다. 온도가 높아지면 활발하게 활동하지만, 온도가 내려가면 움직이지 않게 된다. 이것이 열가소성 플라스틱이다.
열경화성 플라스틱은 서로 묶여져 있기(사슬이라고도 한다) 때문에 온도가 올라가도 움직일 수 없다.

8 저분자에서 고분자로

열가소성 플라스틱은 온도를 높이면 유연해져서 성형할 수 있지만, 열경화성 플라스틱의 성형은 그렇게 되지 않는다. 재료가 연한 상태 또는 물과 같은 액체상태라면 틀에 넣어서 성형할 수 있다. 그러나 열경화성처럼 분자가 결합되어 움직이지 않는 것은 유연하게 되지 않는다.

이와 같은 재료는 어떻게 하여 성형하면 좋을까? 사실은 분자가 커서 플라스틱이 되지 않은 상태에서 성형을 시작하게 된다. 대부분의 사람은 접착제를 사용한 적이 있겠지만, 2가지 액체로 된 접착제를 사용해보지 않은 사람은 있을지도 모른다. 2가지 액체를 섞으면 굳는 접착제를 2액체형이라 한다. 섞는 것으로 화학반응이 일어나 굳게 된다. 머리를 물들이는 염색약도 2액체로 되어 있다. 이것도 섞는 것으로 화학반응을 한다. 2액체의 접착제를 사용한 적이 없는 사람이라도 콘크리트는 알고 있을 것이다. 콘크리트는 시멘트에 물과 모래를 섞은 것이다. 시멘트가 물 등과 화학반응을 해서 굳는다. 2액체형의 접착체처럼 액체상태의 것이라면 금형 안에 2액체를 넣기 직전에 섞어서, 금형 안에 넣으면 반응하여 고분자로 되어 모양을 만드는 것이 가능한 것으로 생각된다. 이것을 실이나 천과 같은 것을 추가해서 굳히는 것도 좋다.

이것을 이용해서, 예를 들면 이들의 물질을 점토와 같은 것으로 혼합해서 만들어 놓고 가능한 온도가 낮은 상태로 한다. 이렇게 하면 반응의 진행이 늦어져서 바로 굳지 않기 때문에 보존할 수 있다. 이렇게 보존해 놓은 것을 금형에 넣어서 모양을 만들고, 그 금형의 온도를 높이면 화학반응이 빨라져서 점토상태에서 굳어지게 된다. 열경화성의 플라스틱은 성형할 때에 화학반응을 시키면서 고분자로 만들어가는 것이다.

요점 BOX
- 열경화성 플라스틱의 성형은 화학반응
- 성형할 때에 저분자에서 고분자로 변화

저분자에서 고분자로

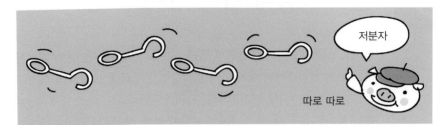

화학반응으로 분자가 연결된다.

2액체의 혼합식 염색약

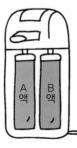

9 플라스틱의 여러 가지 호칭

열가소성 플라스틱과 열경화성 플라스틱이 있다는 것을 알기 때문에, 다시 한번 플라스틱의 여러 가지 호칭방법을 생각해 보자. 지금까지 플라스틱은 합성수지로 읽기도 하고 플라스틱이라고도 하고, 인공고분자라고 하기도 하는 등 여러 가지의 표현이 있다. 사실은 플라스틱의 영어 본래의 뜻은 가소성(可塑性: 점토처럼 연해서 모양을 만들 수 있는 성질의 것)이기 때문에 열경화성 플라스틱이라고 부르는 것은 본래의 말 뜻과는 다르다. 왜냐하면, 열경화성의 것은 한번 경화하면 다시 가소성의 상태로 될 수 없기 때문이다. 즉 가소성이 아니기 때문이다. 그러나 현재 플라스틱의 의미는 가소성을 나타내는 것뿐만이 아니라, 일반적으로 세상에서 인지되고 있는 플라스틱으로서도 자리 잡혀 있기 때문에, 열경화성 플라스틱이라고도 부르고 있다. 다만, 열경화성 플라스틱에는 에폭시수지, 유레아수지, 페놀수지 등 뒤에 수지의 명칭이 붙는 것이 일반적이다. 열가소성 플라스틱의 경우에는 폴리에틸렌, 폴리프로필렌, 폴리카보네트 등 뒤에 수지라고 하는 명칭이 붙지 않는다. 다만, 아크릴수지라고 불려지는 예는 있다.

한편 슈퍼마켓 등에서 팔고 있는 물건을 넣는 봉투를 폴리봉투 또는 비닐봉투, 나일론봉투 등으로 부르고 있다. 이 폴리라고 하는 말은 분자가 연속적으로 연결되어 있다는 상태를 나타내는 접두어이다. 일반적으로는 폴리에틸렌이나 폴리프로필렌이 봉투로 사용되고 있다. 비닐이라고 하는 것은 폴리염화비닐에서 비닐이라고 된 말이지만, 연질의 염비가 시트 등으로 사용된 것에서 비닐이 플라스틱이나 필름을 나타내는 말로 사용되게 됐다고 생각한다. 다만 쇼핑봉투와 같은 것에는 사용되지 않는다. 나일론으로 이와 같은 봉투를 만들 수 없다. 그러나 스타킹도 봉투 모양으로 되어 있지만 나일론은 스타킹 등으로 익숙해져 있어서 이 말이 나왔을 것이다.

요점 BOX
• 플라스틱은 원래 가소성의 의미
• 현재의 플라스틱 의미는 넓은 의미

앞으로도
이산화탄소 줄이기와
환경보전을 위하여
장바구니를 갖고 다니는
협조를 부탁합니다.

10 분자를 늘리고 펴서 더욱 강하게

고분자는 실(끈)모양으로 되어 있다고 설명하였다. 이 실은 보통 엉켜서 둥글게 되어 있다. 그렇게 엉켜서 둥글게 되어 있는 실을 끌어당기면 늘어난다. 늘어나서 그 줄의 늘어남이 멈추면, 그 이상은 늘어나지 않는다. 플라스틱도 비슷하다. 플라스틱이라고 해도 여기서는 열을 가하면 부드러워지는 열가소성 플라스틱의 경우이다.

분자는 늘어나는(끌어당기는) 방향으로 배열된다. 방향이 배열되는 것을 배향(Orientation)이라 한다. 그런데 녹은 상태에서 끌어당기는 것은 너무 묽다. 열을 가한 분자는 뜨거워진 뱀처럼 돌아다니다가 금방 뭉쳐버린다. 늘려도 분자가 움직이지 않을 정도의 온도상태에서 늘리면 이전의 둥근상태로 돌아가지 못하므로, 이 상태라면 강한 플라스틱으로서 사용할 수 있게 된다. 이것을 "연신(延伸)한다"라고 말한다. 늘리고 늘려서 분자를 배향시키는 것이다.

이 상태에서 사용되는 것은 플라스틱의 줄(끈)이나 폴리봉투이다. 여러분도 잘 알고 있는 페트병 등은 이 방법으로 만들어졌기 때문에 강한 것이다. 플라스틱줄(끈)은 길이방향으로의 강도가 필요하기 때문에 길이방향으로 늘리지만, 폴리봉투는 가로, 세로 방향의 양쪽으로 늘려서 가로방향에도 세로방향에도 분자를 배향시켜서 양방향으로 강하게 되어 있다. 그러나 이 인장 늘림을 했던 온도보다 높게 하면, 분자는 움직여서 원래 상태로 되돌아간다.

이와 같이 온도를 높게 해서 원래 상태로 되돌아가는 성질을 이용하고 있는 것이 진공 포장 등에 사용되는 필름이다. 1,000원 가게 등에서 리모컨을 싼 필름시트도 리모컨을 폴리봉투로 싸서 헤어드라이어로 열을 가하면 줄어들어 리모컨을 밀착되게 포장하는 것이다. 추가로, 폴리프로필렌은 연신으로 강해져서 힌지(hinge) 효과가 크기 때문에 손잡이(또는 힌지)가 있는 비닐 봉투로 많이 사용되고 있다.

연신과 배향

> **요점 BOX**
> • 플라스틱의 분자를 늘리면 강해진다.
> • 폴리프로필렌의 힌지 부분도 연신효과이다.

연신은 플라스틱을 강하게 한다.

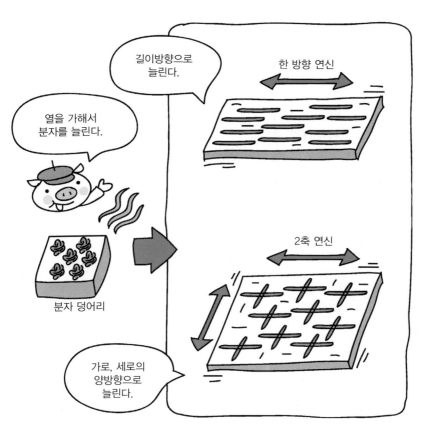

길이방향으로 늘린다.

열을 가해서 분자를 늘린다.

한 방향 연신

분자 덩어리

2축 연신

가로, 세로의 양방향으로 늘린다.

진공포장

폴리봉투

리모컨

헤어 드라이어

밀착 포장됨

일상생활과 플라스틱

지금은 옛날 이야기이지만, "♪파란 눈을 가진 인형은 ♪미국에서 태어난 셀룰로이드"로 시작하는 노래가 유행한 적이 있다. 노구치아메나라고 하는 사람의 '파란 눈의 인형'이라고 하는 노래이다. 이 셀룰로이드가 공업화된 초기의 열가소성의 인공 플라스틱이다.

현재는 우리들 주변에 셀룰로이드는 그다지 볼 수 없지만, 다른 종류의 여러 가지 플라스틱이 넘쳐나고 있다. 만약 플라스틱이 없었다면, 지금과 같이 편리한 생활은 할 수 없었을 것이다. 주변에서 플라스틱이 없어진 상황을 생각해보자. 자동판매기에서 팔고 있는 페트병도 플라스틱 제품이고, 슈퍼마켓에서 산 물건을 넣는 봉투도 플라스틱으로 되어 있다. DVD나 CD, TV, 세탁기, 냉장고 등의 가전제품의 케이스(몸체)도 플라스틱으로 만들어져 있다. 이들 내부의 부품에도 많은 플라스틱이 사용되고 있다. 여러 가지 모양의 장난감도 플라스틱 제품이 대부분이고, 나무나 금속으로 만들어진 것은 줄어들고 있다. 자동차도 외장은 차체 앞과 뒤의 범퍼, 사이드 미러로 시작해서 자동차 내부에는 인스톨 멤버판넬(보통 인판넬이라고 한다)이나 미터기 종류, 문이나 천장, 미러 종류도 플라스틱 제품이다. 자동차의 보닛(Bonnet)을 열면 엔진커버나 워셔탱크, 그 외에도 많은 플라스틱이 사용되는 것에 놀랄 것이다.

지금은 유명해진 1,000원 가게에 가면, 여기에도 여러 가지의 플라스틱으로 만들어진 제품을 볼 수 있다. 콘택트렌즈나 접착제 조차도 플라스틱의 한 종류이다. 처음부터 플라스틱이 없었다면 뭔가 다른 방법이 고안되어 대체되었을 것으로 생각되지만 만약, 이들 플라스틱이 갑자기 없어진다고 하면 상당히 불편하게 될 것이다.

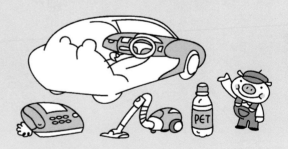

일상생활의 여러 곳에서 플라스틱이 사용되고 있다.

제 **2** 장

주사기와 나사이송방식으로
가공하는 사출성형

11

사출성형이란?

사출성형의 원리는 간단하다. 200℃ 전후의 높은 온도에서 플라스틱을 녹여서, 그것을 금형 속에 밀어 넣고, 그 후에 냉각시켜서 굳히는 것이다. 이 녹은 플라스틱은 점토와 같아서 껌처럼 생각하면 좀 더 쉽게 이해할 수 있다. 끈적함이 없는 물과 같은 것은 아니다. 옛날에는 지렛대의 원리를 이용해서 녹은 플라스틱을 사람의 힘으로 바이스처럼 물리는 구조물에 고정된 틀에 넣어서 만들었다. 지금은 기계화되어서 상당히 효율적으로 생산되고 있다. 빠른 것은 몇 초에 제품이 만들어진다.

플라스틱으로 만들어진 제품의 두께는 보통 2mm 또는 3mm로 얇기 때문에 좁은 곳은 소재를 흘려보내기가 쉽지 않다. 금형 내부의 압력은 1cm^{2}에 200~500kgf이지만, 기계는 1cm^{2}에 2,000kgf(2,000kgf/cm^2)정도로 매우 높다. 이와 같이 높은 압력을 가하고 있기 때문에 금형측도 열리지 않도록 큰 힘으로 고정하지 않으면 안 된다.

녹은 플라스틱을 밀어 넣는 주사기와 같은 장치를 사출장치, 금형이 열리지 않도록 고정해 놓는 장치를 금형고정장치라고 한다. 사출성형기는 크게 나누어서 이 두 가지의 장치로 되어 있다. 사출장치의 안에는 사출기 역할을 하는 사출기구와 플라스틱을 녹이는 가소화기구(可塑化機構)가 있다. 금형고정장치는 금형을 열고, 닫아서 금형을 고정하는 금형고정기구와 만들어진 제품을 꺼내는 취출장치로 되어 있다.

DVD 등은 얇기 때문에 몇 초에 만들어지지만, 금형을 고정하기 위해서는 70톤 정도의 힘(고정력)을 필요로 한다. 큰 제품으로는 자동차 범퍼 등은 1분 정도로 완성되지만, 이들은 3,000톤 정도의 큰 힘으로 고정되어 있다. 이 때문에 금형도 그에 맞게 튼튼하게 만들지 않으면 안 된다.

플라스틱성형의 대왕

> **요점 BOX**
> - 사출성형기는 크게 나누어서 사출측과 고정측으로 되어 있는 기계
> - 용융해서 금형에 흘려보내고 냉각시켜 만드는 사출성형

사출성형으로 만들어진 여러 가지

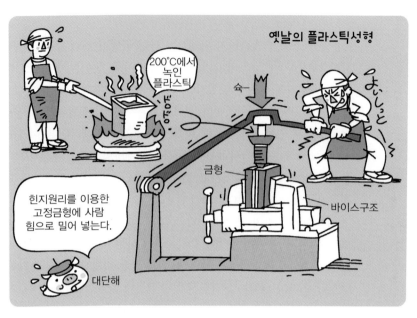

옛날의 플라스틱성형

200℃에서 녹인 플라스틱

숫

금형

바이스구조

힌지원리를 이용한 고정금형에 사람 힘으로 밀어 넣는다.

대단해

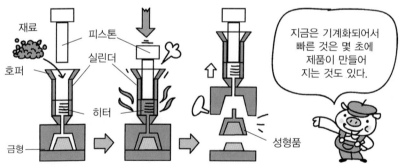

재료

피스톤

호퍼

실린더

히터

금형

성형품

지금은 기계화되어서 빠른 것은 몇 초에 제품이 만들어 지는 것도 있다.

자동차부품

인판넬

콘솔

범퍼

사이드미러

세숫대야

목욕탕의자

텔레비전

세탁기

12 사출장치

녹은 플라스틱을 사출하기 위해서는 금형에 넣기 전에 플라스틱을 일시적으로 정지해 놓을 필요가 있다. 플라스틱을 녹이는 방법으로 옛날에는 여러 가지 방법이 있었지만, 최근에는 스크류라고 하는 나사원리를 사용한 방법이 일반적이다. 콘크리트 속에 나사(스크류)가 회전하면서 콘크리트가 보내지는 것을 본 적이 있을 것으로 생각된다. 이 원리로 녹은 플라스틱을 밀어서 보낸다. 나사를 시계방향으로 회전시키면 나사는 회전력에 밀려서 들어가고, 반시계방향으로 돌리면 빠져나온다. 이들도 이와 같은 원리이다.

금속의 원형관의 외측에 히터를 감아서 가열한다. 이 원형관을 실린더라 부른다. 그 안의 구멍에 스크류라고 하는 나사를 넣는다. 그 스크류를 회전시키면 나사 홈을 따라서 쌀과 같은 미립상의 플라스틱이 보내진다. 이때 실린더는 뜨거워져 있기 때문에 플라스틱은 녹는다. 이 녹은 플라스틱이 앞으로 밀어서 보내지면, 1회전시 나사의 피치량만큼 후방으로 이동하는 것만이 아니고 반시계회전으로 돌아서 나사가 빠져나가는 것과 같은 상태이지만, 실제로는 나사와는 다르다.

전방으로 밀려간 녹은 플라스틱은 금형으로 들어간다. 이때에 스크류가 주사기의 역할을 하게 된다. 그러나 스크류만으로는 녹은 플라스틱이 스크류 홈으로 빠져나가 버리므로 스크류 선단에 역류 방지밸브가 붙어있다. 공기를 밀어 넣는 펌프나 석유를 넣을 때 사용하는 펌프에도 공기나 석유를 역류시키지 않는 밸브가 붙어 있다. 이 밸브가 붙어 있지 않으면, 비닐제품을 만들 때의 블로우에서 공기를 불어 넣거나, 석유스토브에 석유를 넣고하는 것을 할 수 없게 된다. 사출성형기도 이 역류방지밸브에 의해서 역류를 방지하고 있다. 이것으로 스크류가 주사기의 역할을 다 할 수 있도록 하고 있다.

주사기와 나사이송

요점
BOX
• 사출장치는 스크류의 선단에 역류 방지밸브가 있어서 주사기 역할이 된다.
• 플라스틱을 용해하는 스크류와 실린더

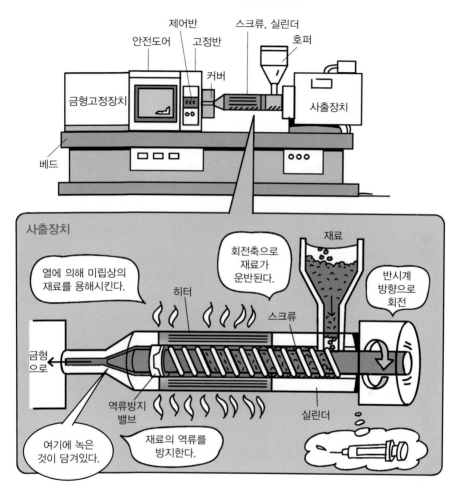

13 사출성형용 금형

사출성형기의 사출측 압력은 2,000kgf/cm²라고 11절에서 설명한 바가 있다. 금형에서 제품이 되는 부분의 공간에서의 평균 압력은 200~500kgf/cm²이다. 상상해 보기 바란다. 1cm²의 면적 위에 체중 50kgf의 사람이 4명에서 10명이 올라가서 누르는 것과 같다.

예를 들면 15cm×30cm 크기의 휴대폰 케이스를 사출성형으로 만든다고 생각해 보자. 450cm²의 면적이기 때문에 1cm²당으로 앞에 말한 50kgf의 사람이 6명 올라간다고 생각하면, 이 휴대폰 케이스 위에는 2,700명의 사람들이 올라가 있는 생각할 수 없는 힘이 걸려 있다. 이 힘은 135톤이 된다. 금형에는 이러한 힘의 작용으로 열리려고 하는 것이다. 따라서 열리지 않도록 그 이상의 힘으로 체결하지 않으면 안 된다. 그렇기 때문에 이와 같은 성형품이라면 150톤 정도의 금형 체결력의 기계가 필요하다. 이와 같이 큰 힘이 작용되어 성형되어도 제품의 치수가 1mm 정도 차이가 나면 큰 문제이다. 따라서 금형도 매우 튼튼하게 제작하지 않으면 안 된다. 이 금형은 대체적으로 가로, 세로 1m 정도 크기이지만, 이것을 성형하는 사출성형기는 8인승 승합차의 크기와 비슷하다.

자동차의 범퍼나 인판넬 등을 성형하는 금형은 경자동차 정도의 크기가 되고, 무게는 30톤 정도가 된다. 그리고 이것을 성형하는 기계의 금형 체결력은 3,000톤이고, 그 크기는 2층 건물에 버스가 2대 연결된 크기의 규모이다.

사출성형은 정밀도가 높은 제품이 효율 좋게 생산되는 것이 특징이지만, 기계도 금형도 상당히 고가이기 때문에 생산수량이 많지 않으면 경제성이 맞지 않는 문제가 있다. 플라스틱성형에 한정된 것이 아니고, 생산이라고 하는 것은 얼마로 할 수 있을까? 라고 하는 것이 중요한 문제이다. 그렇기 때문에 같은 모양이라도 만드는 개수가 적으면 사출성형 이외의 방법으로 만드는 경우도 있다.

> 요점 BOX
> • 사출성형용 금형은 높은 강성이 필요
> • 금형 내부의 압력은 매우 높다.

매우 높은 압력에 견디는 금형

사출성형에 필요한 금형 체결력

1cm²에 걸리는 힘

핸드폰 케이스 크기에 걸리는 힘

사출 금형외관

사출 금형구조

14 사출성형에서 제품이 만들어지기 까지

사출성형기를 사용해서 플라스틱 제품이 만들어지는 상태를 좀 더 상세히 설명한다.

플라스틱 제품을 성형품이라고 한다. 사출성형된 제품이기 때문이다. 앞에서 설명한 것처럼 스크류로 쌀처럼 생긴 알갱이 모양의 펠렛이라 부르는 플라스틱 재료를 녹여서, 스크류 앞에 대기해 놓는다. 다음으로 금형을 금형체결장치로 고정한다. 그리고 노즐이라고 하는 스크류, 실린더의 앞에 붙어 있는 사출기의 출구부분을 금형의 입구 구멍에 눌러 고정한다. 이때에도 이 접촉부분에서 녹은 플라스틱이 새어 나오지 않도록 강하게 밀어서 고정해 놓는다. 그리고 스크류를 앞으로 눌러서 녹은 플라스틱을 금형 안에 밀어 넣는다. 금형 안에 들어간 플라스틱은 점점 수축하면서 식어간다. 거기서 쭈글쭈글한 상태가 되지 않도록 플라스틱의 주입이 끝난 상태에서도 사출측에서 녹은 플라스틱을 조금 보충해준다. 이것을 보압(保壓)이라고 한다. 그리고 아직 금형 속에서 뜨거운 상태이기 때문에, 그것이 식기를 기다린다. 그 사이에 다음 성형을 위하여 스크류를 회전시켜서 또 플라스틱을 녹여서 대기해 놓고 준비를 한다. 이것을 가소화(可塑化)라고 한다.

드디어 성형품이 냉각되면 금형을 연다. 금형을 열었을 때에 성형품은 열린 쪽의 금형에 붙어서 나오도록 만들어져 있다. 금형의 열기가 끝나도 그것으로 성형품이 저절로 떨어져 나오는 것이 아니다. 금형에 붙어 있는 핀이나 판 등으로 성형품을 밀어내도록 금형은 만들어져 있다. 기계의 취출장치를 사용해서 금형에 고안된 취출장치를 움직여서 성형품을 밀어낸다. 이것으로 첫 번째의 성형품이 완성된다. 취출장치를 되돌려서 금형을 다시 닫고, 다음 성형품의 성형으로 들어간다. 이 사이클을 반복하여 사출성형품을 연속생산한다.

사출성형의 사이클

요점 BOX
- 금형 닫기, 금형 체결하기, 사출, 보압, 가소화, 냉각, 금형 열기, 성형품 꺼내기가 사출성형의 사이클
- 이 사이클을 반복해서 대량생산

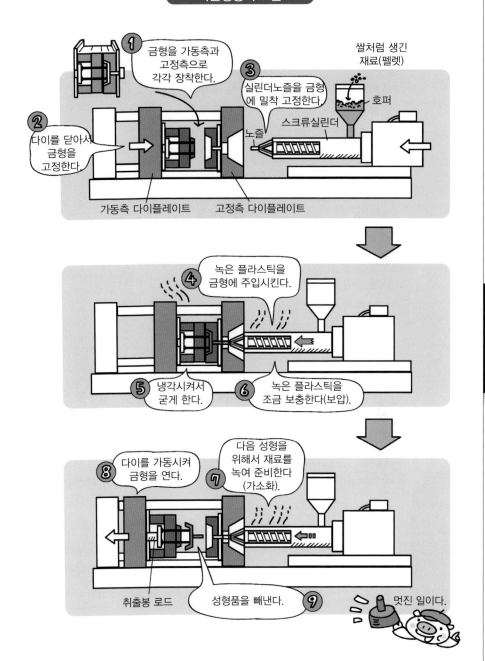

① 금형을 가동측과 고정측으로 각각 장착한다.

③ 실린더노즐을 금형에 밀착 고정한다.

쌀처럼 생긴 재료(펠렛)

호퍼

② 다이를 닫아서 금형을 고정한다.

노즐

스크류실린더

가동측 다이플레이트　　고정측 다이플레이트

④ 녹은 플라스틱을 금형에 주입시킨다.

⑤ 냉각시켜서 굳게 한다.

⑥ 녹은 플라스틱을 조금 보충한다(보압).

⑧ 다이를 가동시켜 금형을 연다.

⑦ 다음 성형을 위해서 재료를 녹여 준비한다 (가소화).

취출봉 로드

성형품을 빼낸다. ⑨

멋진 일이다.

43

15 제품이 빠져나올 수 있는 금형

금형으로 만들어진 제품은 상당히 높은 온도의 상태에서 성형된다. 그것이 금형 내부에서 식으면서 굳어지기 때문에 온도가 높을 때에는 팽창되어 있지만, 온도가 내려가면서 수축한다. 쭈글쭈글한 성형품이 되지 않도록 보압(保壓)으로 보충하지만, 그렇게 해도 금형 치수보다는 작게 수축한다.

금형은 이 수축량을 처음부터 예측하여 제작하여야 한다. 이 수축량의 비율을 수축률이라 하지만, 이 비율은 재료에 따라서도 성형 조건 등에 따라서도 달라지기 때문에 매우 까다롭다. 이 수축률이 틀리면 제품의 치수가 예측한 것과 달라지기 때문에 큰 문제가 된다. 자동차의 내장용 판넬 등은 타 제품과 조립되므로 치수가 계획된 것과 다르게 되면 타 제품과 조립할 수 없게 되는 것도 있다.

금형이 열려서 제품을 금형에서 꺼낼 때에는 밀어내게 되는데, 이때에는 금형에서 빼내기 쉽도록 안쪽으로 갈수록 작아지도록 구배(기울기)를 줘서 설계를 한다. 이것을 빼기 구배라고 한다. 이것은 사출성형에만 국한된 것이 아니다.

또한, 제품은 금형을 열면 간단히 빼낼 수 있도록 단순한 형상을 한 것만 있는 것이 아니다. 예를 들어 컵의 옆에 구멍이 뚫려 있으면, 이 구멍에 금형이 걸려서 뺄 수 없게 된다. 이처럼 뺄 수 없고 걸리는 부분을 언더 컷(Under cut)이라 한다. 이 언더 컷 부분은 금형 내에서 여러 가지의 구조를 고안해서 빼낼 수 있도록 하는 것도 금형을 만드는 데 중요한 것이다.

금형에는 여러 가지 방법이 적용되어 어떻게 하면 빼낼 수 있을까? 하고 불가능하다고 생각한 구조의 제품도 만들어지고 있다. 플라스틱 통과 손잡이가 일체형으로 되어 있기도 하고, 플라스틱의 체인과 같은 것이 연속적으로 연결된 것도 만들어지므로 불가사의한 금형이라고 말할 수도 있다.

언더 컷의 처리방법

요점 BOX
- 금형은 수축률을 예측하여 만들어진다.
- 언더 컷은 금형의 여러 가지 구조의 방법으로 해결

걸리는 부분이 없는 모양

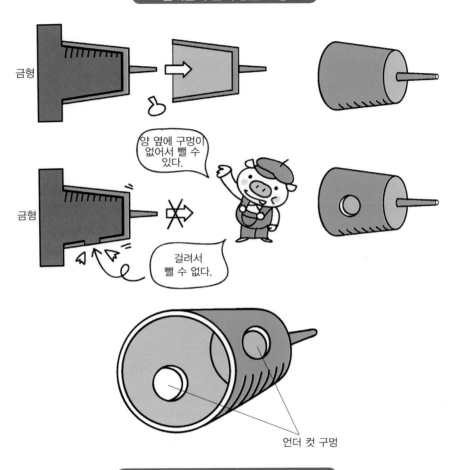

언더 컷 구멍

유압 코어로 언더 컷을 빼내는 예

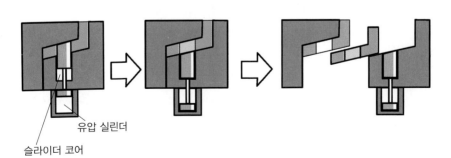

유압 실린더

슬라이더 코어

16 금형 내부의 플라스틱 흐름 통로

플라스틱 모형(프라모델)을 조립하기 전에 상자에 들어 있는 상태를 본 적이 있는가? 여러 가지의 조립용 부품이 4각 문살모양에 연결되어 붙어 있다. 이 4각 문살은 금형 안에서 녹은 플라스틱을 잘 흘러가게 하기 위한 통로이다. 녹은 플라스틱이 흘러서 간다는 뜻에서 런너(Runner)라고 한다. 마라톤 런너와 같은 의미의 런너이다. 이 런너에서 각 부품의 부분으로 연결되어 있는 곳에서 제품부분으로 플라스틱이 흘러 들어가는 문이 있다. 그 문의 부분을 게이트(Gate)라고 한다. 문을 의미하는 영어이다. 사출성형으로 만들어진 제품에는 반드시 게이트의 흔적이 어딘가에 있다. 플라스틱 모형의 경우에는 제품의 각 부품을 런너에 연결해 놓기 위해서 뒤쪽에 니퍼 나이프(Nipper knife) 등으로 잘라낼 수 있는 크기의 게이트로 되어 있다. 이것은 일반적으로 제품의 옆 방향에 붙어있기 때문에 사이드 게이트(Side gate)라고 한다. 그러나 이것보다 훨씬 작은 핀 구멍과 같은 게이트로도 흘려보낼 수 있다. 이것은 핀 게이트(Pin gate)라고 한다. 핀 게이트의 경우에는 상당히 발견하기 어려울 정도로 작은 것도 있다.

목욕탕의 플라스틱 세면기의 뒷면을 살펴보면 중앙의 정 가운데에 둥근 흔적을 볼 수 있다. 이것이 그 게이트의 자국이다.

게이트에도 여러 가지 모양이 있지만, 핀 게이트는 금형이 열림과 동시에 게이트와 제품이 자동으로 분리되는 구조로 되어 있다. 그 하나가 잠수함의 서브마린이라고 하는 잠수하다(숨다)는 의미의 서브마린 게이트(Submarine gate)이다. 금형이 열릴 때에 예리한 부분으로 잘라낸다. 또한 제품과 런너 부분을 한 장의 판으로 분리시켜서 금형이 열릴 때에 끌어내는 3매 플레이트 타입의 금형구조도 있다.

또한 런너 부분을 항상 녹은 상태로 있게 하고 성형 부품만을 냉각하여 빼내는 하트런너(Hot runner)방식은 런너가 없으므로 재료절약도 된다.

런너와 게이트

요점 BOX
- 런너는 흐르는 통로
- 게이트는 제품의 입구

서브마린 게이트의 절단방법

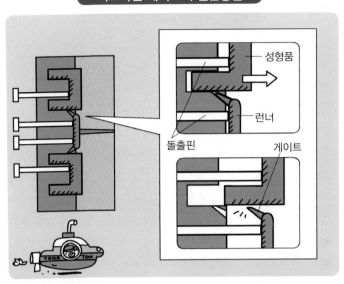

- 성형품
- 런너
- 돌출핀
- 게이트

3매 플레이트 방식의 게이트 절단방법

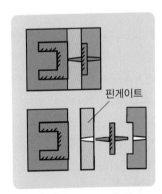

핀게이트

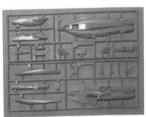

플라스틱 모형(프라모델) 조립용에서
연결되어 있는 것이 런너

실제의 스프루, 런너, 게이트의 예

런너

이 부분을 항상
녹아있게 해 놓는
하트런너방식도 있다.

게이트

플라스틱 세면
기의 뒷면에 게이
트 흔적이 있다.

콜드런너의 여러 가지 사례

17 복수재질의 사출성형

플라스틱으로 만들어진 콘센트나 나사 드라이버 등은 금속의 부분과 플라스틱 부분으로 만들어져 있다. 이것은 금속의 부분을 금형에 넣고 그 주위에 플라스틱을 사출성형하는 방법으로 만들어진다. 금속을 먼저 끼워넣기 때문에 "눌러 넣는다"라는 의미의 인서트(Insert)의 말을 사용해서 인서트성형이라고 한다. 금형 내부에서 금속부분과 손잡이 등이 조립되어 성형된다.

이것과는 별도로 전자계산기나 퍼스널컴퓨터의 키보드의 터치부분은 하얀색의 문자부분과 검은색의 케이스 부분의 2개 부분으로 만들어진 것이 있다. 이것은 금형에서 꺼낼 때에는 일체형으로 되어 조립된 상태이다. 이 성형방법은 먼저 하얀 부분을 성형한 뒤에 금형에서 그 성형품을 밀어내지 않고 그대로 금형을 회전시켜서 다음 금형에 넣는다. 그리고 그 주위에 검은 플라스틱을 주입하면 하얀 문자가 쓰여진 키보드가 만들어진다.

첫 번째 금형을 다음 금형에 맞추는 방법은 2개의 사출장치가 마주보는 방향으로 향해 있는 그 사이에서 금형이 회전되어, 1차 성형과 2차 성형으로 맞추는 방법과 사출장치는 L자배치 또는 V자배치의 것도 있고, 1개의 금형 체결장치 내부에서 회전하는 타입 등이 있다.

또한 금형은 한 개인 상태에서 금형의 내부에서 금형의 부분을 움직여서 첫 번째와 두 번째로 플라스틱을 넣는 공간을 만들어서 하는 방법도 있다. 이들의 성형방법에서는 색만이 아니라 재료가 다른 것도 만들 수 있다. 자동차 부품 중에서도 딱딱한 플라스틱에 고무처럼 유연한 플라스틱을 일체형으로 만들기도 한다.

플라스틱 모형(프라모델)의 조립물에서도 여러 가지 색의 플라스틱이 하나의 가지에 붙어 있지만, 이것도 2개, 3개의 사출장치를 갖는 기계에서 만들고 있다. 이 경우에는 2가지 색 이상으로 되기 때문에 다색성형(多色成形)이 된다.

48

2회 사출하는 성형방법

> **요점 BOX**
> - 1사이클에서 2가지 색을 한 번에 성형하는 2색 성형 방법
> - 색 대신에 재료를 복수로도 가능

2색 성형품을 만드는 방법

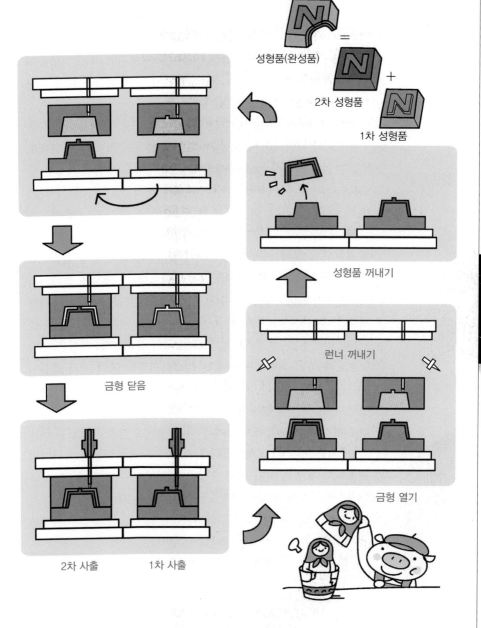

성형품(완성품)

2차 성형품

1차 성형품

금형 닫음

2차 사출　1차 사출

성형품 꺼내기

런너 꺼내기

금형 열기

18 샌드위치성형과 대리석문양의 성형

사출성형 중에는 샌드위치성형이라고 하는 방법도 있다. 빵에 내용물이 끼워졌다고 해서 샌드위치라는 이름이 붙여졌지만, 사출성형품이 먹을 수 있다는 의미는 아니다. 샌드위치처럼 안에 뭔가가 들어 있다는 의미로 이와 같은 이름으로 부른다.

본래 플라스틱은 썩지 않는다는 특징이 있다. 몇 번 반복해서 사용하는 방법도 있지만, 불순물이 들어 있어서 품질이 떨어지고, 그대로 사용할 수 없을 경우에는 그 대책의 한 가지 방법으로 한번 사용한 플라스틱을 안쪽에 넣는 방법이 있다. 내측에는 재사용 재료를, 외측에는 새 재료를 사용한다. 이것이 마치 샌드위치와 같기 때문에 샌드위치성형이라 한다.

이 샌드위치성형의 방법은 2가지 색의 성형과 같이 성형기에 주입실린더(주사기)가 2개 준비되어 있다. 이때 안쪽의 재사용 플라스틱 부분을 만들기 위하여 외측을 새 플라스틱으로 감싸듯이 내측에 재활용 재료를 흘려보낸다. 이렇게 하면 신기하게도 내측에는 재활용 플라스틱과 외측에는 새 플라스틱의 층이 되어 흘러간다. 사실은 이와 같이 흐르게 하기 위해서는 녹은 플라스틱끼리도 여러 가지 조건이 있어서 간단하지 않지만, 지혜를 모으면 이와 같은 것도 할 수 있다. 역으로 2가지 색을 혼합을 하면 2가지 색이 섞여지는 모양의 것을 만들 수도 있다. 1,000원 가게 등에서 색이 섞인 모양의 욕실도구 등을 볼 수 있는데, 모두 이 성형방법이다. 이 2개의 색을 사출하는 타이밍을 변경하는 것으로 여러 가지 모양을 변화시킬 수도 있다. 또 하나 재미있는 것은 투명한 재료끼리도 굴절률이 다른 재료가 혼합되면 신기하게 대리석문양의 모양으로 만들어진다. 앞으로 이와 같은 관점을 생각하면서 상점의 제품들을 살펴보기 바란다.

무늬모양 사출성형 방법

요점 BOX
- 2가지 색의 타이밍으로 샌드위치가 되기도 하고, 대리석모양이 되기도 한다.
- 제품의 내부에 다른 재질을 주입하는 샌드위치성형

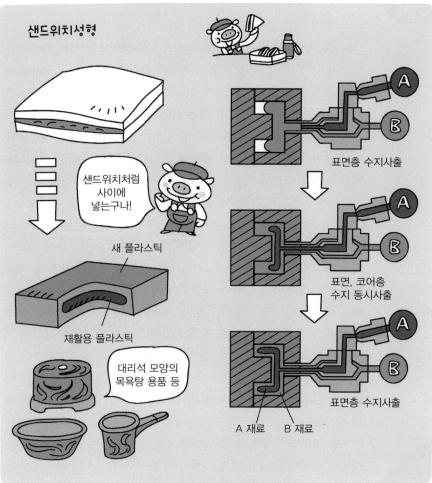

샌드위치성형

새 플라스틱

재활용 플라스틱

샌드위치처럼 사이에 넣는구나!

대리석 모양의 목욕탕 용품 등

표면층 수지사출

표면, 코어층 수지 동시사출

표면층 수지사출

A 재료   B 재료

51

대리석 모양의 성형품
A 재료와 B 재료를 노즐
출구에서 혼합한 경우

19 가스 사출성형과 물 사출성형

사출성형에서 제품을 만들 때에 불량품으로 문제되는 것은 수축과 뒤틀림 및 변형 등이 있다. 이들 수축과 뒤틀림 및 변형을 교정하는 데는 제품의 설계 문제로 한계가 있는 경우도 있다. 예를 들면 플라스틱은 용융상태에서 냉각하여 굳는 사이에 수축하지만, 제품의 두께가 두꺼운 부분은 냉각이 늦고, 반대로 두께가 얇은 곳은 빨리 냉각된다. 이와 같이 두께의 불균일로 냉각의 차이가 생기고 수축의 진행에도 영향을 주기 때문에 변형의 원인이 된다. 또한 금형에는 플라스틱을 냉각시키기 위해서 냉각수를 흐르게 하는 통로가 있지만, 제품형상에 따라서는 냉각시키는 통로를 필요한 위치에 만들 수 없는 것도 있다. 이것도 변형의 원인이 된다. 수축에 대해서는 상세한 설명을 생략하지만, 두꺼운 리브(Rib)나 보스(Boss)가 있는 곳에서 발생하고, 게이트에서 먼 부분에는 압력이 도달하기 어렵기 때문에, 이것이 원인으로 수축으로 발생되는 경우도 있다. 그리고 이 수축을 교정하기 위해서 높은 압력을 가하면, 압력의 불균일에 의해서 변형되기 때문에 진퇴양난의 상태가 된다. 이들 문제를 해결하기 위해서 고압의 가스를 넣어서 성형하는 방법이 가스 사출성형이다. 가스로 보조하기 때문에 가스성형이라고도 한다. 가스로는 멀리까지 압력손실을 적게 하여 보낼 수 있기 때문에 압력 불균일의 대책도 된다. 또한 용융된 플라스틱 부분을 밀어내기 때문에 그 부분의 제품의 살 두께도 얇아진다. 가스 주입의 방법에도 여러 방법이 있지만, 내부를 중공으로 할수록 가스를 밀어 넣으면, 뒤에서 설명하는 블로우성형에 가깝게 되지만, 불어넣는 압력은 200기압 정도이기 때문에 블로우성형보다는 상대적으로 높은 압력이다. 가스 주입 방법은 기계의 노즐에서 주입하는 방법과 금형에서 주입하는 방법이 있다. 가스를 대신해서 고압의 물을 사용해서 살이 두꺼운 제품의 내부의 용융된 플라스틱을 밀어내서 파이프를 성형하는 물 사출성형도 있다.

고압 가스나 물을 사용한 성형방법

> **요점 BOX**
> • 가스 사출성형은 수축, 변형대책
> • 물 사출성형에서 파이프성형의 예

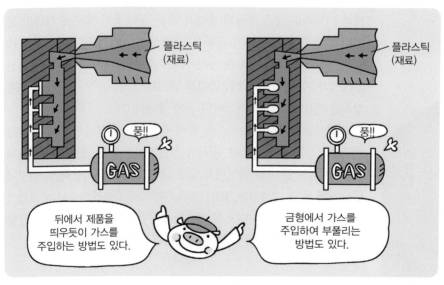

금형에서 성형품의 두꺼운 부분에 가스를 주입하기도 하고(우측), 두꺼운 부분의 뒷면에 가스를 주입하는 방법(좌측)도 있다.

20 플라스틱 패스너(Fastener)의 성형

바지나 가방에는 지퍼(Zipper)와 같은 플라스틱의 패스너(Fastener)가 많이 사용되고 있다. 이를 확대해서 보면 같은 모양의 이의 맞춤이 반복되어 있다. 이것은 긴 띠를 준비해 놓고 이것을 금형에 끼워 넣는다. 이 띠 위에 플라스틱으로 이의 맞춤 모양을 사출성형한다.

핀 게이트(Pin gate)로 플라스틱을 밀어 넣기 때문에 금형을 열면 자동적으로 게이트도 절단된다. 성형된 것을 빼낸 뒤에 연속해서 성형되도록 긴 띠의 성형할 부분을 다시 금형에 물린다. 이렇게 연결되도록 해서 연속성형한다. 이때 다음 성형의 부분과 앞에 성형된 부분과 어긋남이 발생하면 지퍼로 쓸 수 없다. 지퍼는 그곳에서 멈추고 움직이지 않아서 지퍼의 기능을 발휘할 수 없게 된다. 이것은 사출성형이라고 하는 성형방법만이 아니라 긴 띠를 이동하는 장치, 위치결정을 정확히 하는 방법 등 여러 가지의 기술의 팀워크로 가능하게 된다. 이 팀 전체를 시스템이라 한다.

이와 같은 성형에는 수직사출성형기를 사용하는 경우가 많다. 긴 띠가 이동하는 것은 고정된 쪽에서 하는 것이 쉽기 때문에 하측의 금형이 고정된다. 지금까지 살펴본 사출성형기는 가동측이 고정되고, 고정측과 사출장치 전체가 움직이는 구조로 되어 있다. 이렇게 되면 고정측과 가동측의 생각도 바뀌게 되지만 고정, 가동의 개념을 사출장치를 기준으로 해서 생각하면 같은 것이다.

수평사출성형기를 수직으로 해서 가동측을 고정된 상태로 생각하면 된다. 실제로 이와 같은 지퍼의 성형방법은 다른 곳에도 사용되고 있다. 지퍼의 긴 띠를 대신해서 얇은 금속의 시트를 사용해서, 이것에 반도체의 IC로 대체하면, IC를 플라스틱으로 캡슐레이팅하는 기계가 된다. 이와 같이 금속이나 긴 띠(섬유) 등을 연속된 코일상태로 금형에 인서트해서 작업하는 성형을 후프(Hoop)성형이라 한다.

시스템 후프(Hoop/긴 띠)를 성형하는

요점
BOX
• 지퍼는 연속성형 시스템으로 만든다.
• 수직의 사출성형기도 있다.

플라스틱 지퍼를 만드는 방법

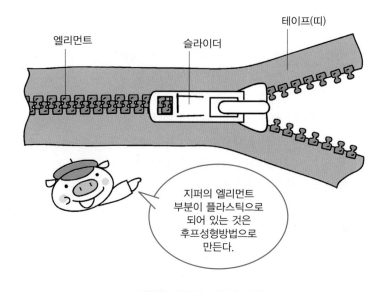

엘리먼트

슬라이더

테이프(띠)

지퍼의 엘리먼트
부분이 플라스틱으로
되어 있는 것은
후프성형방법으로
만든다.

후프성형 시스템

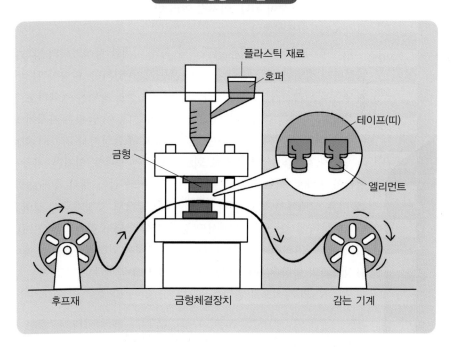

플라스틱 재료

호퍼

금형

테이프(띠)

엘리먼트

후프재

금형체결장치

감는 기계

21

플라스틱 자석

플라스틱 자체가 자석으로 된 것도 최근에는 개발되어 있지만, 여기에서는 플라스틱으로 페라이트나 희토류 등의 자석가루를 섞어서 만든 자석을 말한다. 이것을 체적비로 70% 정도 플라스틱에 넣고 혼합한다. 플라스틱은 자석의 모양에 맞추어 굳히는 역할만 한다. 플라스틱은 에폭시수지나 나일론 등이 사용된다. 70% 정도이기 때문에 자석 본래의 것 보다는 자력은 약해지지만, 사출성형으로 만들어지기 때문에 복잡한 모양도 빨리 만들 수 있다.

플라스틱 자석은 등방성의 것과 이방성의 것이 있다. 등방성의 것은 단순히 자성가루를 섞은 재료를 금형에 사출해서 만든다. 이때 자성가루의 방향은 플라스틱 속에서 여러 방향으로 향해 있고, 자기적으로도 특별한 방향성은 없기 때문에 등방성이라고 부르고 있다. 성형 후에는 아직 자석으로서의 기능은 하지 않고 성형 후에 자계(磁界)를 부여해서 자석이 된다. 이처럼 여러 방향을 향하고 있는 미소한 자석이 NS로 만들어진다.

이것에 대해서 이방성은 플라스틱 속의 미세한 자성가루의 방향을 일정하게 정렬된 것을 말한다. 약간 혼돈할 수 있지만, 방향이 일정해져서 무작위가 아닌 이방성이다. 그 방향의 정렬 방법은 정렬하고 싶은 방향의 자계를 금형 내부에 발생시켜 놓는다. 이 금형은 자석이 되는 자성철과 자석이 되지 않는 비자성철과 조합시켜서 자기의 회로가 만들어져 있다. 금형만으로 회로를 만드는 경우도 있지만, 사출성형기와 일체로 회로를 만드는 것도 있다. 이와 같이 해서 자계(磁界)를 걸은 상태에서 녹은 플라스틱 자석을 넣으면 자성가루가 정렬된다. 이 상태에서는 금형 안에서도 강한 자석이 되어 있기 때문에 꺼내기 전에는 NS의 방향을 무작위로 해서 자성을 약하게 한다. 그 때에 자성가루의 방향은 변하지 않는다. 그리고 그 후에 목적으로 하는 방향으로 NS의 자석으로 한다.

사출성형으로 만드는 자석

요점
BOX
• 등방성 플라스틱 자석은 보통의 사출성형
• 이방성 플라스틱 자석은 자계를 만드는 사출성형

56

등방성과 이방성 자석

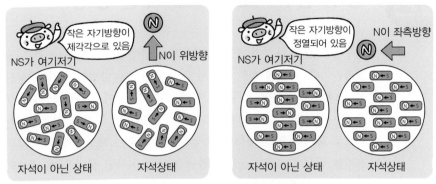

등방성 플라스틱 자석   이방성 플라스틱 자석

이방성 플라머그 성형기

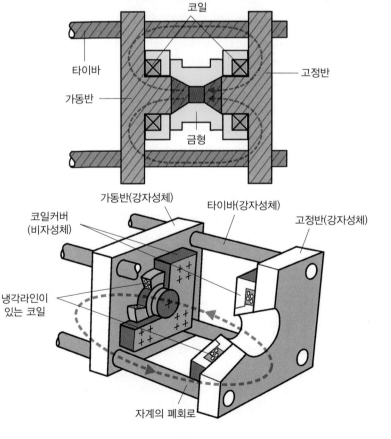

22 중공품(中空品)의 사출성형

페트병과 같이 내부가 중공인 제품을 사출성형으로 만드는 것은 골 칫거리이다. 나중에 속만 녹여서 중공을 만드는 방법이 있지만, 생산 성이 나쁘다. 다음에 소개하는 블로우성형은 공기를 불어 넣어서 부 풀리는 성형방법으로 플라스틱 용기 등을 만들고 있지만, 사출성형한 것으로 공기 등의 기체를 불어 넣는 것만으로는 페트병과 같은 얇은 용기는 만들 수 없다. 공기를 불어 넣어서 외측만 굳었을 때 내부의 녹아 있는 부분만 밀어내면 중공의 물건을 만들 수 있다. 실제로 그와 같은 방법으로 파이프와 같은 것을 만들 수 있다. 공기가 아니고 물 등의 액체를 사용하는 것도 있다. 그러나 사출성형에서는 상당히 높 은 압력으로 플라스틱이 주입되고 있기 때문에 공기나 물을 밀어 넣 을 경우에도 역시 높은 압력으로 주입하지 않으면 들어가지 않는다. 그리고 금형에 접촉하고 냉각하여 굳어진 부분의 두께에도 뭉쳐져 있 기 때문에 균일한 두께로 속이 빈 것을 만들기는 어렵다.

그러나 이것을 반쪽으로 해서, 한쪽씩 사출성형으로 만드는 것을 생각할 수 있고 실용화되어 있다. 반 씩의 것을 금형 안에서 움직여서 합체시키고 그 뒤에 그 합체부에 녹은 플라스틱을 주입하고 녹여서 붙인다.

이것은 사출성형에서 중공체를 만드는 방법이지만, 중공의 중심에 심(Core)을 넣어서 골프공을 만드는 방법도 있다. 심을 먼저 금형 안 에 넣어서 금형의 여기저기에 핀을 세워서 심을 금형에서 띄운 상태 로 고정하는 것이다. 그리고 금형을 닫아서 심의 주변에 녹은 플라스 틱을 사출한다. 그대로는 심을 띄워져 있는 핀의 부분으로 플라스틱 이 들어가지 않는다. 거기서 심의 주변에 플라스틱이 들어간 곳에 이 들 핀을 빼낸다. 그러면 심이 중심에 들어간 상태로 그 주위가 새로운 플라스틱으로 둘러싸이고 심이 들어간 골프공이 완성된다.

> **요점 BOX**
> - 주위를 성형해서 조합하여 맞추고, 접합부를 사출성형 하는 금형 내 조립 성형방법
> - 심(Core)으로 지지시켜서 사출하고 심이 있는 상태의 성형방법

금형 내에서 조립하는 성형방법

58

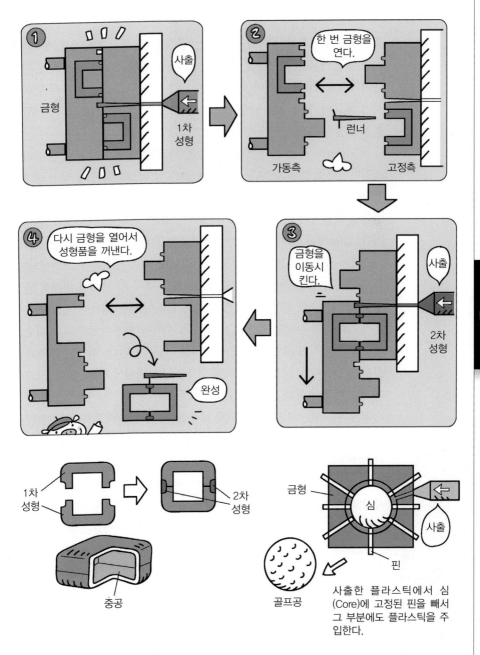

23 성형품의 불량품

플라스틱 성형품에 국한되지 않지만, 공장 등의 생산현장에서 제조된 것에는 합격품과 불합격품이 있다. 합격품, 불합격품은 양품과 불량품이라고도 한다. 그러나 이 기준은 제품의 요구품질에 따라서 달라지기 때문에 한마디로 불량이라고 단정할 수 없지만, 일반적인 사출성형의 불량을 소개한다.

버(Burr)는 녹은 플라스틱이 제품의 바깥 부분에 까지 들어가서 거스러미처럼 돌출된 것이다. 무리하게 높은 압력으로 밀어 넣거나, 금형을 체결하는 형체력이 부족해서 금형에 틈이 생기는 경우 발생한다. 이 반대로 제품에서 어느 부분이 덜 채워져 있는 것이 미성형(short shot)이다. 밀어 넣는 압력이 부족하거나 제품형상이 너무 얇아서 용융된 플라스틱이 들어가지 않는 경우 등의 불량이다. 다음은 제품의 표면에 움푹 들어가는 변형(싱크마크/Sink mark)이다. 냉각 시 수축에 의해서 발생하는데, 수축이 진행되면서 밀어 넣는 압력이 낮은 경우나 제품이 부분적으로 두꺼운 경우 등에서 발생한다. 수축이 제품의 표면이 아니고 내부에서 생기면 포이드(Poid)라고 하는 기포가 된다. 이것도 수축과 같은 원인이지만, 금형 온도 등 약간의 조건의 차이에 따라 싱크마크가 되기도 하고 기포가 되기도 한다. 뒤틀림이나 변형, 치수불량 등도 여기저기 위치에 따라서 미묘하게 수축의 차이가 달라져서 불량이 된다. 이밖에 용융 플라스틱이 금형 내부에서 충돌할 때 발생하는 웰드라인(Weld line), 유동 시에 엉키는 흐름에 의해서 발생하는 플로우마크(Flow mark), 게이트에서 비산되어 발생하는 마크인 제팅(Jetting), 재료의 건조 불량이나 스크류나 실린더 또는 금형에서 공기가 휘감겨 들어가서 발생하는 실버스트리크(Silver streak) 등이 있다.

이들의 불량 대책을 해결하기 위해서는 플라스틱이나 금형 및 사출성형기의 지식도 필요하다. 이 때문에 일본의 경우에는 2급에서 특급까지의 국가기능시험이 있을 정도이다.

> **요점 BOX**
> • 양품 · 불량품의 판단은 요구되는 품질에 따라서 다르다.
> • 성형에는 기술이 필요하고 국가시험제도가 있다.

양품과 불량품, 합격품과 불합격품

불량의 종류

버

미성형

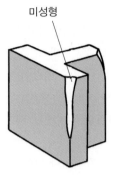

싱크마크

기포

웰드라인

플로우마크

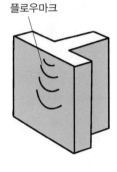

국가시험제도가
있다.

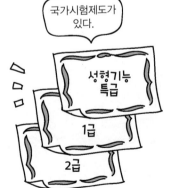

성형에는 플라스틱, 금형, 사출성형기계의
지식이 필요하다.

사출성형은 플라스틱성형의 대왕

사출성형은 플라스틱성형 중에서도 가장 많이 사용되고 있는 방법이다. 그 이유는 금형만 만들면 복잡한 모양이라고 해도 같은 것을 몇 만 개라도 계속 만들 수 있기 때문이다. 그렇기 때문에 플라스틱성형의 대왕이라고 불려지고 있다. 사출성형으로 만들어진 제품을 주변에서 살펴보자. 우선, 집 안에는 텔레비전 외곽이나 청소기, 세탁기, 냉장고, 선풍기, 전기밥솥 외곽이나 케이스 등도 사출성형으로 만들어져 있다. DVD나 CD 자체도 사출성형품이다.

목욕탕의 세면기나 의자도 마찬가지이다. 자동차의 내측에는 인판넬이라고 부르는 인스트루먼트 판넬, 도어, 인판넬 주변의 계기류나 에어컨의 공기출구, 콘솔 등의 내장부품에도 많은 사출성형품이 사용되고 있다. 자동차의 외측에는 범퍼, 사이드 미러, 보닛(Bonnet, 자동차의 앞 부분 후드)을 열면 엔진커버나 퓨즈 박스, 인테이크 매니폴드(Intake manifold), 커버류에도 사용되고 있다.

장난감 가게에 들어가면 많은 장난감이 진열되어 있다. 플라스틱 조립물 등도 마찬가지이다. 대형마트에 들어가면 쇼핑하는 장바구니도 사출성형품이고, 1,000원 가게의 식기나 물건을 넣는 용기 등도 마찬가지이다. 이와 같이 우리 주변에서 사출성형품을 볼 수 없다는 것은 상상할 수 없을 정도로 사출성형품은 넘쳐나고 있다.

이와 같이 사출성형은 플라스틱성형의 주류이지만, 사출성형에서는 할 수 없는 모양의 것도 있다. 이것을 알기 위해서는 좀 더 사출성형 이외의 것을 살펴보기로 한다.

제 **3** 장

가래떡 만드는 것과
비슷한 압출성형

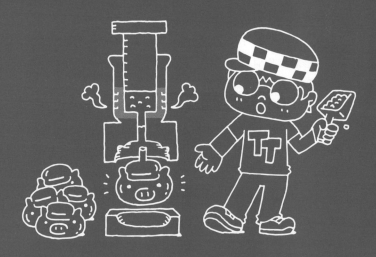

24 가래떡처럼 압출하는 성형

여러분은 주택 처마(지붕)를 따라서 빗물을 흘려보내는 것이나 하수관, 수도관으로 사용하는 염화비닐 파이프 제품을 본 적이 있을 것이다. 이와 같은 파이프 모양을 한 성형품은 통 속에 우무를 넣고 막대기로 밀어내는 방법으로 만들어지기 때문에 압출성형이라고 한다. 압출의 입구에서 용융된 플라스틱이 나오기 때문에, 모양은 이 압출 입구의 모양으로 결정된다. 이 모양을 결정하는 입구의 부분을 다이라고 한다. 이것도 금형이다. 단면형상은 단순한 원형이나 4각의 경우도 있는가 하면, 모양을 내기 위하여 복잡한 형상도 있지만, 금형에서 나왔을 때에는 어디를 잘라도 같은 모양의 단면을 갖는 특징이 있다. 압출성형에서도 스크류가 사용되지만, 원재료는 사출성형에서 사용되는 펠렛이 아니고 분말이 사용되는 경우가 많다. 실제 펠렛은 일부러 취급하기 쉽도록 성형한 것이기 때문에 원래는 분말이다. 그러나 본래의 분말 상태의 플라스틱만으로는 사용할 수 있는 성질을 얻을 수 없다. 성질을 발휘하게 하기 위해서는 성능 향상제인 여러 가지 첨가물을 첨가할 필요가 있다. 압출성형의 경우에는 사출성형이나 다른 성형과 비교하였을 때 스크류는 연속으로 회전시켜 모양도 같은 것을 계속 만들기 때문에 본래의 플라스틱 원료인 가루와 첨가제를 혼합하는 것이 효율적이기 때문이다. 여기서 첨가제란 자외선에 대해서 강하게 하거나, 윤활을 좋게 하거나, 흠집 발생을 어렵게 하거나, 강도를 증가시키는 성능향상제로 여러 가지의 혼합물이다.

그러나 이것들을 균일하게 잘 혼합시키기 위해서는 매우 큰 에너지가 필요하다. 그 때문에 압출기의 스크류는 단축이라도 특수한 구조를 한 것이 선단에 붙어 있기도 하고, 2축방식에서는 2개가 같은 방향으로 회전하기도 하고, 반대방향으로 회전하는 것과 2축이라도 끝으로 갈수록 가늘어지는 것 등 강력하게 혼합하기 위한 여러 가지 방법이 있다.

가래떡 만드는 것처럼 압출한다

요점 BOX
- 압출성형은 혼합하는 기술이 중요
- 동일한 절단면 형상

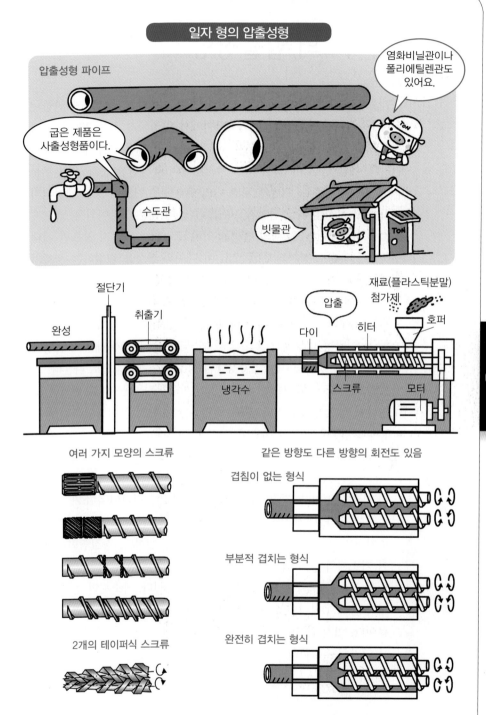

25 파이프의 압출성형

압출성형에서 만들어지는 모양은 다이의 형상대로 정확하게 만들어 지는 것은 아니다. 플라스틱이 다이에서 압출되기 전은 200kgf/cm² 정도의 높은 압력을 갖고 있다. 따라서 플라스틱은 출구에서 팽창을 한다. 예를 들면 다이의 형상이 4각형상이면 각진 부분과 직선 부분 의 냉각이 다르다. 이렇게 되면 다이에서 나온 뒤에는 조금 팽창되기 도 하고 각진 부분은 휘어지고 뒤틀린다. 이 때문에 다이의 형상도 제 품이 압출되어 나올 때의 변형을 미리 고려해서 만들지 않으면 기대 하는 모양대로 성형되지 않는다. 이 다이의 형상을 결정하는 설계가 매우 어렵다는 것을 상상할 수 있을 것으로 생각된다.

또 하나, 압출성형의 까다로운 부분은 압출기에서 나오는 단계에 서는 냉각하지 않는 것이다. 사출성형이나 후에 설명하는 블로우성 형 등은 금형 내부에서 용융된 플라스틱을 밀어 넣기 때문에 금형에 접촉하면서 냉각되지만, 압출성형의 경우에는 대기중으로 나온다. 그 상태로는 중력에 의해서 처짐 변형이 발생하기 때문에 그 변형을 고 려하여 형상을 만들거나, 치수 정확도를 위해서 사이징이라고 하는 공정을 압출한 후에 실시한다.

복잡한 형상을 갖는 압출을 이형압출성형(異形壓出成形)이라고 한 다. 이것은 ABS나 폴리카보네이트도 사용되지만, 경질염화비닐이 많 이 사용되고 있다. 경질염화비닐은 폴리에틸렌 하나의 수소가 염소로 바뀐 것이라고 이미 설명하였다. 이것에 가소제라고 하는 첨가제를 추가하면, 첨가량에 따라서 유연성이 크게 변한다. 경질염화비닐은 이 가소제의 양이 작아서 단단한 염화비닐을 말한다. 빗물받이나 수 도관 등의 회색의 관도 경질염화비닐 제품이다. 가소제의 양을 증가 시키면, 고무처럼 부드러운 연질염화비닐이 된다. 상당히 편리한 재 료이다. 연질염화비닐이나 폴리에틸렌 등의 부드러운 재질에 발포제 를 첨가하고 부풀려서 쿠션제 등도 만들고 있다.

다이와 사이징

요점 BOX
• 압출한 뒤의 사이징(Sizing)도 중요하다.
• 발포제를 첨가해서 쿠션제로 사용한다.

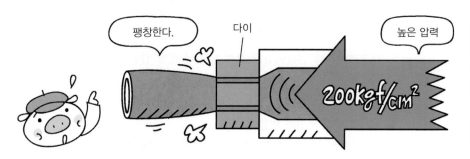

높은 압력으로 압출되기 때문에 출구에서는 팽창한다. 이것은 슈얼(Sewell)이라 한다.

정사각형 모양의 제품을 만들 때에 다이 형상을 정사각형으로 제작하면 기대하는
모양으로 성형되지 않는다. 이것이 다이 설계의 어려움이다.

발포한 것이나 복잡한 단면형상의 파이프나 판 등도 압출성형으로 만든다.

26 압출성형품의 여러 가지 형상

압출성형으로 만들어진 것으로 단면이 항상 같은 모양이 있다고 설명하였지만, 이것은 압출기의 출구에서 성형품이 나온 뒤에 사이징 등과 같은 추가 작업을 하지 않은 경우이다. 출구에서 나온 뒤에 추가 공정을 거치면 다른 모양도 만들 수 있다.

둥글게 주름진 파이프를 본 적이 있을 것이다. 둥글게 주름이 있으면, 이 주름의 단차 때문에 걸려서 압출할 수 없게 될 것이다. 그러나 이것도 압출성형으로 할 수 있도록 고안하여 만들고 있다.

우선, 주름이 없는 원형 파이프를 압출성형해서 만든다. 그 뒤에 압출성형된 원형 파이프를 일정한 온도로 가열해서 연한 상태로 만들고, 다음에 둥근 주름 모양으로 되어 있는 캐터필러(Caterpillar)로 보낸다. 이 때에 파이프 내측에서 캐터필러에 밀어 붙이듯이 압축공기를 보내면 캐터필러 형상의 모양으로 만들어져서 둥글게 주름진 모양이 만들어진다.

이것과 비슷한 것으로 외측의 원주에 리브가 붙여진 파이프가 있다. 이 경우에는 내측에 냉각 금형이 있어서 외측에 리브용의 홈이 파여진 캐터필러 틀이 성형할 곳으로 녹은 플라스틱을 압출하는 것이다.

플라스틱 재질 대나무 등을 원예 용품점이나 대형마트에서 볼 수 있다. 이 대나무도 마디가 있기 때문에 일반적으로 생각하면 압출성형으로 만들기에는 불가능할 것으로 생각된다. 그러나 이것은 압출된 파이프가 아직 연한 상태에서 파이프를 감싸 흐름을 막는다. 이렇게 하면 뒤에서 나오는 파이프가 외측으로 부풀려지는 것으로 대나무의 외측으로 마디 모양이 만들어진다. 그 마디가 만들어진 뒤에 다시 파이프가 압출되는 연속 공정을 계속한다. 이것을 반복하면 마디가 있는 대나무 모양이 만들어진다. 궁금한 내용이 해결되면 간단하게 생각되지만, 손으로 만든 것 같이 잘 만들어진 플라스틱 대나무 모형은 실물처럼 보인다.

언더 컷이 있는 성형

> **요점 BOX**
> • 언더 컷의 성형은 압출 뒤에 한다.
> • 플라스틱 재질 대나무도 압출성형한다.

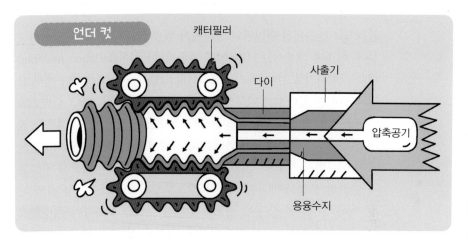

둥글게 주름진 상태의 모양은 모양 그대로 압출할 수 없기 때문에 후공정에서 모양을 만든다.

플라스틱 재질로 만들어진 대나무 모양 제품

27 포장용의 플라스틱 줄과 귤을 담는 그물망

압출기로 만들어진 원형관의 상태에서 필름 상태로 만드는 것도 가능하다. 이것에 대해서는 다시 한번 인플레이션성형(Inflation molding)에서 설명하기로 한다. 폴리프로필렌의 압출된 원형관을 출구에서 한번 부풀리면 얇아지기 때문에 프로필렌 봉투가 된다. 이 프로필렌을 한번 드럼을 통과시켜서 어느 온도로 조정한다. 그 뒤에 이 필름을 앞에서 돌려가면서 끌어당겨 연신한다. 그렇게 하면 필름이 길이방향으로 늘어나면서 강도도 강해진다. 이것을 어느 정도의 폭으로 자르면서 감으면 포장 등에 사용하는 폴리프로필렌제의 플라스틱 줄이 된다. 이 줄은 길이방향(종방향)으로 당기는 것에는 강하지만, 횡방향으로는 먼지가 떨어지듯이 부스러진다. 이것은 이 줄이 만들어질 때에 길이방향으로 분자가 인장배열되었기 때문이다. 연신되어 있기 때문에 길이방향으로는 늘어나지 않지만, 분자는 횡방향으로 배열되어 있기 때문에 옆의 분자끼리는 간단히 분리된다.

귤 등을 넣는 오랜지색의 그물 모양의 망을 본 적이 있을 것이다. 이것은 어떻게 해서 만들어졌을까? 줄로 짜여져 있는 것 같지만, 실제는 짜여져 있는 것이 아니고 이것도 압출성형으로 만들어진다. 다이의 내측과 외측이 있고, 그 다이가 회전한다. 이 회전하는 다이에서 물이 분출하고 있는 것을 상상해 본다. 교차하면서 물이 분출하는 것을 상상해 보자. 그물성형의 경우, 이때 교차해서 하나가 된 부분은 녹은 플라스틱이기 때문에 붙어 있다. 분리와 교차를 반복해서 압출된 플라스틱이 그물을 형성한다. 이 그물은 귤을 담는 것으로 오렌지색이지만, 용도에 따라서 여러 가지 색의 그물망을 만들 수 있다.

같은 방법으로 작은 구멍에서 압출된 것을 온도를 조절해서 연신시키면 플라스틱 실이 만들어진다.

늘려진 줄과 다이에 착안하여 만들어지는 그물망

요점 BOX
- 플라스틱 줄은 연신시켜서 강하다.
- 플라스틱 그물망은 다이에서 고안되었다.

2축 연신성형 필름

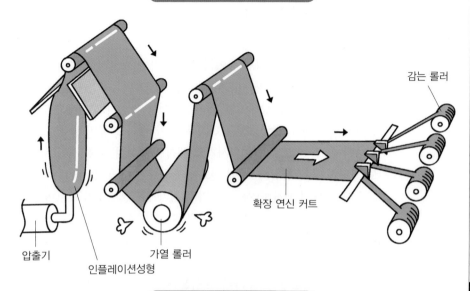

감는 롤러

확장 연신 커트

압출기

인플레이션성형

가열 롤러

귤 담는 그물망의 압출용 다이

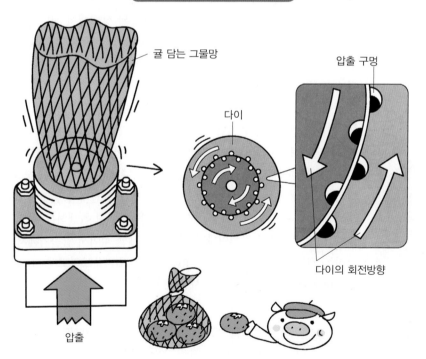

귤 담는 그물망

다이

압출 구멍

다이의 회전방향

압출

28 펠렛(Pellet)을 만드는 압출성형

사출성형이나 블로우성형 등에서는 성형의 원료로서 가루가 아니고 일반적으로 펠렛이 사용된다. 왜 펠렛일까? 그 이유를 설명한다.

원료가 분말가루 상태이면, 가격면에서는 저렴하게 사용되겠지만, 분말가루 상태에서는 공장은 먼지 투성이가 되고 공기 중에도 날아다녀서 미끄러지거나 들이마시기도 해서 위험하다. 또한, 취급하기에도 상당히 불편하다. 그 전에 원료에 산화방지제, 골재(骨材), 자외선 흡수제, 증량제(增量劑) 등 여러 가지 첨가제를 혼합하지 않으면 플라스틱은 기대하는 성능을 발휘할 수 없다. 혼합하기 위해서는 큰 에너지를 사용해서 섞지 않으면 안 되기 때문에 압출기와 같이 특수한 혼합장치가 필요하다. 이 혼합에는 강력한 혼합장치가 필요하기 때문에 앞에서 설명한 2개의 스크류구조 등도 사용하고 있다. 펠렛으로 만드는 방법은 뜨거운 상태로 다이에서 나온 것을 그대로 절단하는 핫커트, 물 속을 통과하면서 냉각되어 국수처럼 된 상태에서 절단하는 스트랜드커트(Strand cut), 다이 직후에 수중에서 압출하면서 절단하는 수중커트 등 여러 가지 방법이 있다. 이들의 방법에 따라서 펠렛 모양이 미묘하게 달라진다.

플라스틱은 원래 자연색이라고 해서 고유한 본래의 색을 갖고 있다. 투명한 폴리스틸렌이나 아크릴 등도 있지만, 폴리에틸렌이나 폴리프로필렌 등은 녹아 있을 때에는 투명해도 식으면 백색이 된다. 이것이 본래의 색이다. ABS수지 등은 약간의 황색이 있는 것이 본래의 색이다. 사출성형 등에서 사용할 때에는 이들 자연색의 펠렛에 착색제의 가루나 응축되어 색이 들어간 펠렛을 섞어서 착색하는 것도 있지만, 압출성형에서 착색이나 추가의 첨가제를 섞어서 압출기에서 혼합하는 것도 있다. 이 혼합하여 섞는 과정을 컴파운드라고 한다. 컴파운드한 뒤에 펠렛으로 만들어 사용한다.

쌀 모양 입자 형상 만들기

요점 BOX
- 취급하기 편한 펠렛
- 혼합하여 섞는 컴파운드

사용하기 편리한 펠렛

사출성형, 블로우성형
에서는 취급하기 쉬운
펠렛이 사용된다.

펠렛

성형 원료는
펠렛이 사용된다.

펠렛

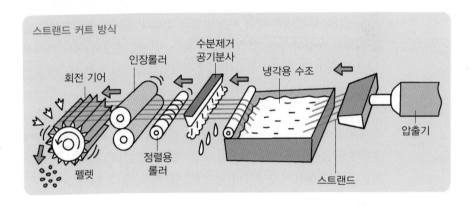

스트랜드 커트 방식

회전 기어

인장롤러

수분제거
공기분사

냉각용 수조

압출기

펠렛

정렬용
롤러

스트랜드

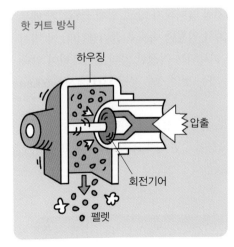

핫 커트 방식

하우징

압출

회전기어

펠렛

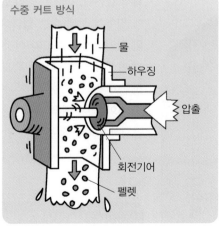

수중 커트 방식

물

하우징

압출

회전기어

펠렛

73

29

전선의 압출성형

전선은 전기를 통하는 도전체의 금속선 주변을 전기가 통하지 않는 절연체의 피복제로 덮여져 있다. 이 전선의 외측을 플라스틱 등의 절연체로 피복한 것이 절연전선이다. 전선에 플라스틱을 피복하는 성형을 전선피복성형이라 한다.

피복된 것으로는 구리선이나 알루미늄선, 에나멜선, 최근에는 금속선이 아닌 광케이블도 있다. 피복하는 플라스틱은 염화비닐, 불소수지, 나이론, 가교폴리에틸렌 등이 사용된다. 가교란 분자 간에 다리로 고정하여 움직이기 어렵게 한 것으로 열경화성수지와 같은 것이 된다. 플라스틱 재료에서 설명한 뱀의 사슬과 같은 것이다. 실제로 열경화성의 뱀을 사슬로 붙잡아 놓는 것을 가교라 한다. 전자선(電子線)이나 가교제(架橋劑) 등을 추가하여 실시한다. 폴리에틸렌을 가교하면 폴리에틸렌의 약점인 내열성이 좋아진다.

전선피복도 같은 형상(일반적으로 단면은 원형)으로 연속해서 흘러가기 때문에 압출성형으로 만들어진다. 그럼 어떻게 해서 플라스틱 가운데에 금속선을 넣었을까? 이것은 다이에서 고안하였다. 다이 안에 구리선 등을 관통하여 출구에서 끌어당긴다. 이 때에, 그 다이 안에서 구리선 주변에 녹은 플라스틱이 피복되고, 그 후에 수조에서 물로 냉각시켜서 감는다. 전선은 플라스틱처럼 늘어나지 않고, 쉽게 굽혀지기 때문에 밀어서 보낼 수는 없다. 따라서 일정한 속도로 끌어당긴다. 이 전선의 잡아당기는 속도와 이것에 피복되는 적절한 양의 플라스틱이 압출기 쪽에서 압출된다. 이 속도는 가는 것의 경우 분당 1,000m(시속 60km) 정도이다.

이와 같이 매우 빠른 속도로 금속이 들어가는 다이는 마모가 쉽게 발생하기 때문에 특수한 내마모성이 강한 금속으로 만들어지고 있다.

압출과 인발이 결합된 성형

요점 BOX
• 전선피복은 압출성형과 인발을 혼합한 성형이다.
• 가교란 고분자를 움직이기 어렵게 하는 것이다.

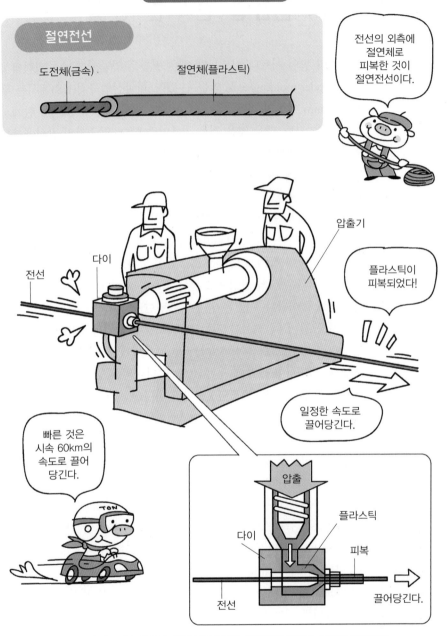

전선피복

절연전선

도전체(금속) 절연체(플라스틱)

전선의 외측에 절연체로 피복한 것이 절연전선이다.

압출기

플라스틱이 피복되었다!

전선

다이

일정한 속도로 끌어당긴다.

빠른 것은 시속 60km의 속도로 끌어당긴다.

압출

다이

플라스틱

피복

전선

끌어당긴다.

전선이 움직이는 속도에 맞추어서 플라스틱을 압출하여 전선의 주변을 피복한다.

30 시트, 필름을 만드는 방법

플라스틱 판인 시트나 시트보다 얇은 필름은 압출성형이나 캘린더성형(Calender molding)으로 만들 수 있다. 한국산업규격(KS)에서는 두께 0.25mm 이상의 것을 시트, 그 이하를 필름이라 규정한다. 판에서 얇은 것은 시트, 매우 얇은 것은 필름이라 한다. 압출기의 방식에서는 압출기 출구에서 얇고 가늘고 긴 다이에서 판의 상태로 압출하고 있다. 압출방향에 대하여 T자 모양으로 넓어지기 때문에 T다이 압출성형이라고도 한다.

다이 형상은 압출 전의 수지를 균일하게 하기 위하여 원통상의 홈이 있는 매니폴드 다이(Manifold die)나 양복을 거는 옷걸이 모양을 한 코트행거 다이(Coat hanger die) 등이 있다.

시트로 나온 뒤의 공정으로 감는 속도를 빠르게 하면 시트가 길이방향으로 늘어난다. 이것은 앞에서 설명한 연신이라고 하는 공정으로 고분자를 길이방향으로 늘리는 것으로 강하게 된다. 시트의 양 끝을 잡고 좌우방향으로 잡아당겨 늘리면 흐름방향에 직각방향으로도 늘어난다. 길이방향의 축에 추가되어, 또 하나의 횡방향의 축인 2개 축방향으로 연신되므로 2축연신이라고 한다. 따라서 길이방향과 그 직각방향의 양방향으로 강한 필름을 만들 수 있게 된다.

최근에는 필름이나 용기에서도 여러 가지의 기능에 대한 요구가 많아져서 단층(單層)에서는 기능을 만족시킬 수 없기 때문에 다층(多層)의 것을 요구하고 있다. 다층의 요구에 대응하기 위해서 T다이 방식을 이용해서 다층의 시트를 만드는 것도 가능하다. 이 다층화의 방법에도 녹은 플라스틱이 매니폴드에서 합류한 후에 압출되는 피드 블럭(Feed block) 방식과 각각 개별의 매니폴드에서 나온 후에 합류하는 멀티 매니폴드(Multi manifold) 방식이 있다. 각 층별로 두께 제어의 정도는 멀티 매니폴드 방식이 좋지만, 층의 수가 많아지면 어려워지고 고가로 되는 등의 문제가 있다.

> **요점 BOX**
> • 시트와 필름은 두께의 차이
> • 필름은 연신되면서 강해진다.

T다이 압출

얇은 시트나
필름을
만들어요!

피드 블럭 방식

멀티 매니폴드 방식

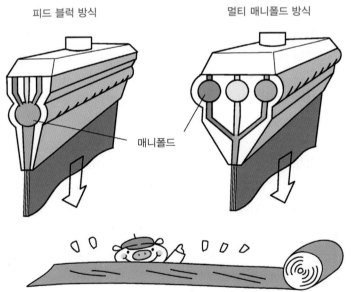

매니폴드

필름도 1층만으로는 기능을 발휘할 수 없는 경우, 용도에 맞는 기능을 갖는 층을
추가해서 다층으로 한다. 이 예는 3층의 사례이다.

31 압출해서 만드는 발포스티롤

컵라면의 용기에는 종이로 된 것도 있지만, 흰색의 가벼운 용기는 발포 스티롤이다. 보온성이 좋고, 손으로 잡아도 뜨겁지 않기 때문에 컵라면의 용기로 사용하고 있지만, 이 발포스티롤은 둥글둥글한 입자가 보이지 않는다.

패스트푸드점의 햄버거를 넣는 접기식의 용기도 발포스티롤이고, 마트의 야채나 고기, 생선 등을 넣는 용기도 발포스티롤이다. 이들의 표면도 매끈하다.

같은 발포스티롤이면서도 만드는 방법은 상자나 케이스와는 다르다. 상자나 케이스 등은 목걸이처럼 둥글둥글하게 하나씩 하나씩 발포되어 있다. (이것에 대해서는 별도로 소개한다.)

이들은 발포한 폴리스틸렌의 시트를 진공성형해서 만들고 있다. 발포한 폴리스틸렌의 시트를 기계적으로 혼합해서 발포제를 섞은 폴리스틸렌을 압출기에서 원통상으로 압출하여 이것을 전개하는 것처럼 잘라서 얇은 시트로 만든다. 이렇게 하면 거품을 포함한 폴리스틸렌의 시트가 된다. 종이상태이기 때문에 PSP(Poly styren paper)라고 한다. 이 시트를 계란용기와 같은 성형방법의 진공성형으로 컵라면이나 접시 모양으로 만든 것이다. 진공성형할 때에도 발포하여 강성이 높아진다. 접시용기는 발포되어 있지만 폴리스틸렌이기 때문에 착색되지 않은 것은 재활용하여 같은 하얀 발포스티롤로 사용하는 것이 가능하다. 아파트에서도 분리수거해서 재활용할 수 있게 하는 것을 여러분도 많이 보았을 것으로 생각된다.

이것 이외에도 건자재의 단열재로서 사용되는 두꺼운 발포 스티롤을 본 적이 있을 것이다. 이것은 발포한 폴리스틸렌을 판상태로 압출해서 만들었기 때문에 압출의 Extrude를 따서 XPS(Extruded Poly Styrene)라 한다. 왜 EPS가 아닌가 하면, 구슬(Beads)발포스티롤성형을 EPS로 사용하고 있기 때문이다.

발포스티롤의 여러 가지

요점 BOX
- PSP는 얇은 종이 상태의 발포스티롤이다.
- 두꺼운 발포스티롤 판은 XPS

얇으면 시트,
두꺼우면 판으로
된다. 시트는
이후에 접시용기
등으로 변신

단면은 발포되어 있지만, 둥글둥글한
입자상은 아니다.

건축용의 단열재로 사용되는 압출 발포
XPS판재

발포제 원재료

발포한
폴리스틸렌 시트

원판시트

다음 공정으로

가열 진공성형기 재단기

진공으로
끌어당긴다.

원판시트

채소나 고기
생선 등을 넣는
접시용기

79

압출성형은 속도와 혼합하는 것이 생명

플라스틱성형 중에서 압출성형과 블로우성형은 사출성형에 대해서 가장 성행하는 성형방법이다. 사출성형에서는 작은 것에서 큰 것까지 다양한 것이 만들어지고 있다. 그 때문에 제조회사들도 중소형의 기계를 몇 대 가지고 있는 작은 회사에서부터 수십 대 이상의 기계공장을 여러 장소에 보유하기도 하고, 대형 기계공장을 갖고 있는 회사까지 다양하다. 그러나 압출성형의 경우에는 일반적으로 장치가 대형이고, 또한 플라스틱을 여러 가지의 첨가물과 혼합하는 등 재료 자체의 지식이 필요하기 때문에 재료회사 등의 큰 회사가 직접하는 경우가 많다.

압출성형에서는 재료를 압출하는 속도가 일정하지 않으면 출구에서 성형품의 모양에 미묘한 변형이 나타난다. 압출한다는 것은 다이 앞에서는 압력이 높기 때문에 플라스틱 재료가 나오는 것이다. 압출속도가 변하는 것은 압력이 변하고 있는 것이 플라스틱의 상태, 예를 들어 점도가 변화하고 있는 것이다. 이 압출속도를 조정하는 것도 중요하다.

플라스틱은 개별적으로 상당히 약하다. 햇빛이나 자외선을 쪼이면 피부가 거칠어지듯이 분자가 잘려나간다. 또한 너무 단단하고 유동성이 너무 나빠서 스크류가 움직이지 않아 성형할 수 없게 되기도 한다. 이 때문에 여러 가지 첨가제나 증량제가 첨가된다. 이것들을 어떻게 섞을 것인가도 큰 과제이다. 섞는 기계의 성능이 변하면 플라스틱의 성능이 발휘되지 않는 경우도 많이 있다.

스크류는 섞기 위한 도구이지만, 이 섞기 위한 학문도 있을 정도이다. 당연히 스크류의 설계나 제조만을 전문으로 하는 회사도 있다. 스크류는 보기에 간단한 나사로만 보일지 모르지만, 심오한 것이라는 것을 조금이라도 이해하여야 한다.

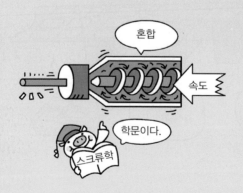

제 4 장

부풀려서 만드는 블로우성형

32 블로우(Blow)성형이란?

보틀(Bottle) 등의 병과 같이 내부가 비어있는(또는 중공) 성형품을 만드는 방법이 중공성형 또는 블로우성형이라고 하는 성형방법이다. 블로우란 '불다'라는 의미이지만, 공기로 불어서 부풀리기 때문에 이와 같이 부르고 있다. 블로우성형에도 여러 가지 방법이 있다. 그 하나가 압출기와 블로우 성형기를 조합시킨 압출블로우성형이다. 단순한 것은 원통형에 용해된 플라스틱을 압출기에서 압출해서 이것을 금형에 끼워넣는다. 이 압출된 용해된 플라스틱을 패리슨(Parison)이라 한다. 이렇게 해서 밑에서 공기가 새지 않도록 끼우고 위에서 공기를 불어 넣으면, 원통형의 용해된 플라스틱이 금형 안에서 부풀어 금형 안을 꽉 채운다. 풍선을 부는 것과 같다. 그리고 금형에서 냉각시켜서 금형을 열어서 꺼낸다. 따라서 블로우성형품도 잘 살펴보면 사출성형품과 같이 금형을 열 때에 생기는 분할선(파팅라인)이 있다.

큰 제품의 경우에는 자중에 의해 수직방향으로 매달려 늘어나서 얇아지기 때문에 어큐뮬레이터(Accumulator)로 일단 축적하여 순간적으로 압출하는 어큐뮬레이터식 블로우성형방식이 적용되고 있다.

블로우성형기는 사출성형기처럼 고압으로 금형에 용해된 플라스틱을 흘려보내는 것이 아니고, 다이에서 원통형으로 압출만 하므로 사출성형기처럼 성능과 기계적 강성이 요구되지 않는다. 또한 블로우 압력도 수기압 정도로 낮기 때문에 금형체결력(형체력)도 사출성형기와 비교해서 상당히 작다. 그렇기 때문에 기계자체, 사출성형기와 비교하면 저렴하다. 또한 금형도 블로우 압력이 낮기 때문에 사출성형용 금형처럼 금형구조도 복잡하지 않고, 높은 강성을 필요로 하는 것도 아니기 때문에 금형제작비 자체도 사출성형과 비교해서 저렴하다. 그러나 생산성을 나타내는 성형사이클의 관점에서 보면, 사출성형의 경우가 효율적이다.

중공제품을 부풀리는 블로우성형

| 요점 BOX | • 패리슨을 압출해서 부풀리는 압출블로우성형 |
| | • 기계도 금형도 사출성형보다 저렴 |

블로우성형 제품의 예

페트병 등
내부가 비어있는
성형품을 만드는
성형방법이다.

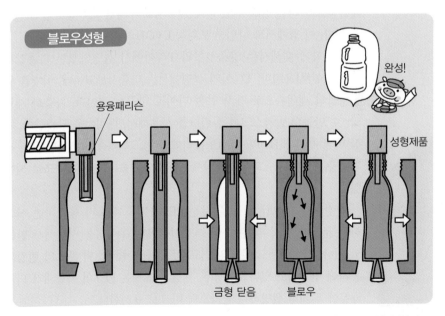

블로우성형

완성!

용융패리슨

성형제품

금형 닫음   블로우

압출기에 의해서 성형재료를 용융해서, 페트로 만들어진 원통형상의 패리슨을 금형 내에 끼워서, 그
내측에 공기를 불어 넣고, 그 압력으로 금형의 내면으로 패리슨을 눌러 붙여서 중공체를 성형하는
방법이다.

33 다층(多層)블로우성형이란?

자동차의 가솔린탱크는 이전에는 100% 금속으로 제작하였는데, 최근에는 블로우성형으로 제작한 것을 채용하고 있다. 플라스틱 재료의 변경은 경량화뿐 아니고 형상의 제약을 받지 않는 디자인의 자유도의 확대에도 기여를 하고 있다. 그러나 가솔린탱크에서 가솔린이 새어 나가면 곤란하다. 가솔린이 기화해서 빠져나가면 안전에 문제가 발생하기 때문이다.

산소투과량이 적은 플라스틱으로서는 나일론이나 EVOH(에틸렌, 비닐알코올 공중합체)가 있지만, 한 가지 원소로만 돼 있는 물질로 사용하는 데는 성형성이나 가격의 문제가 있다. 따라서 성형하기 쉬운 폴리에틸렌과 EVOH를 층으로 해서 성형하는 방법을 적용하였다. 최근의 알코올 혼합 가솔린에 대해서는 EVOH의 경우가 우수하기 때문이다. 또한 블로우성형에서는 성형 후에 버의 제거가 있어서 이 버의 재활용도 고려할 필요가 있기 때문에 재료의 상용성도 중요한 포인트가 된다. 이 점에서도 나일론 보다는 EVOH의 경우가 적절하다.

다층화에 대해서는 압출성형의 T다이에서 설명하였던 다층압출의 기술이 사용된다. T다이의 설명에서는 다층시트였는데, 이것을 원통형상의 패리슨으로 해서 압출 다이로 바꾸는 것이다. 다층화 재료의 수 만큼의 압출스크류 실린더를 사용해서, 패리슨을 압출한다. 가장 바깥 부분에 HDPE(고밀도폴리에틸렌), 그 내측에는 재활용층, 접착제층, EVOH층, 그리고 중앙에 HDPE와 4종류의 다층 구조로 되어 있다.

간장이나 마요네즈 등을 넣는 PET용기도 산소가 통과하면 산화하는 문제가 있기 때문에, 이 다층화한 블로우성형을 사용해서 만들고 있다. 가솔린탱크 주변의 연료 펌프 등도 플라스틱 재료의 변경이 동시에 진행되고 있다. 이 경우, 재질의 표시는 PET의 복합재가 되기 때문에 뒤에서 설명하는 플라스틱 마크로 표시한다.

아이디어 가스가 빠져나가지 못하게 한

> **요점 BOX**
> • 산소나 가솔린의 누출 대책에는 다층구조
> • 블로우성형에서 버 제거는 필수

34 복잡한 형상의 블로우성형품

예를 들어 이전에는 구부러진 파이프를 블로우성형을 하려고 하면, 크기가 큰 패리슨을 압출해서 그것을 금형에 끼워 넣고 성형하였다. 이렇게 하면, 파이프 이외의 부분도 금형에 눌려서 버가 되기 때문에 이 버의 부분을 잘라낸 후 파이프 부분을 제품으로 하였다. 재료의 소비가 많아지고 성형 후에 버를 제거하는 기계도 필요하게 되고, 공정도 증가하기 때문에 불편하고 낭비가 되었다.

그러나 지금은 컴퓨터, 제어장치 및 기술도 발전하여 로봇도 저렴하게 되고 여러 가지 복잡한 움직임도 가능하게 되었다. 앞에서 설명한 구부러진 파이프도 파이프의 크기에 맞춘 패리슨을 압출하고, 그것에 맞추어서 패리슨의 금형을 이동시키고, 금형의 굽은 제품 부분이 패리슨에 맞추어지도록 제어하여 이전과 같은 낭비의 버 발생도 없어졌다. 성형 후에 버의 제거가 필요 없는 성형도 가능하게 되었다.

큰 성형제품으로는 간이 화장실의 벽도 블로우성형으로, 이것들의 내부도 비어 있는 중공체(中空體)이다. 외측과 내측은 다른 모양을 하고 있다. 이것은 보통의 블로우성형처럼 패리슨을 금형에 끼워 넣고 부풀리려고 하면, 벽이 움직일 때에 패리슨을 뒤틀어서, 패리슨을 붙여버리게 된다. 이것도 특수한 블로우성형법으로 2중벽 블로우성형이라고 한다. 금형 안에서 부풀린다고 하기보다도 패리슨을 금형에 끼워 넣기 전에 패리슨의 아래 쪽을 공기가 새지 않도록 융착시키고, 패리슨을 일단 부풀린다. 그리고 금형을 닫아서 패리슨을 끼워 넣는다. 이 상태이면 공기가 빠지지 않고 패리슨의 상하가 부풀려지기 때문에 금형을 닫으면서 패리슨 내부의 공기압력을 제어하면서 외부로 뽑아내는 것이다. 이렇게 하여 2중벽의 블로우 제품이 만들어지게 된다.

컴퓨터 제어의 복잡한 형상

요점 BOX
• 버를 적게 하는 3차원 블로우성형
• 부풀려서 압착하는 2중벽 블로우성형

다차원 블로우성형

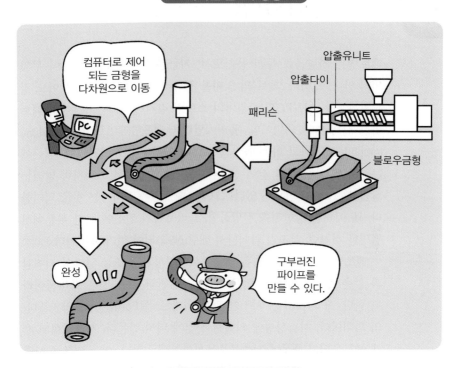

2중벽 블로우성형

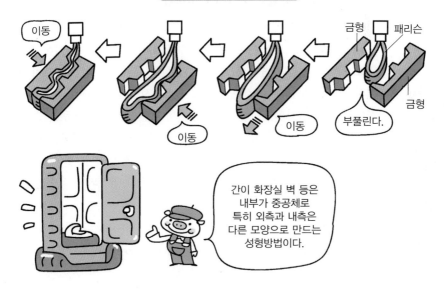

35 페트병의 성형

페트병은 청량음료 등의 용기로서, 지금은 누구라도 페트병이 무엇인지 안다. 그러나 '페트'의 의미를 정확히 알고 있는 사람은 어느 정도일까? 이 페트(PET)는 영어의 스펠링 같지만, 개나 고양이의 페트와는 전혀 다른 의미이다. 폴리에틸렌-테레프탈레이트(Polyethylene terephthalate)라고 하는 플라스틱 영어 이름의 머리글자이다. 최근에는 페트병-로켓 등과 같이 용기에 공기를 압축해서 로켓처럼 날리는 장난감으로도 고안되어 있다. 그만큼 페트병은 강하다는 것을 의미한다. 왜 이처럼 강한지를 설명하면, 플라스틱의 연신에 관한 부분에서 설명한 것처럼, 분자가 늘어나서 배향(配向)되어 있기 때문이다.

　페트병을 만드는 방법은 압출블로우성형과는 조금 달라서 시험관과 같은 것을 부풀려서 만든다. 이 시험관과 같은 것은 프리폼이라고 한다. 프리(pre)란 '사전에'라는 의미로 폼(Form)은 '모양만들다'의 의미이다. 사출성형에 의해서 사전에 미리 만든다. 사출성형된 후에 블로우되기 때문에 사출블로우성형이라고 한다. 이 프리폼을 사출성형한 뒤에 그대로 블로우성형기에 접속해서 블로우하는 방법을 핫패리슨방법이라고 한다. 기계가 연결되어 있어서 연속으로 성형할 수 있기 때문에 이 점에서는 효율적이다. 그러나 사출성형은 블로우성형보다도 훨씬 빠르고 많은 생산을 할 수 있기 때문에 하나의 사이클을 완료하는 사이에, 사출성형은 블로우성형이 끝나는 것을 조마조마하면서 기다려야 한다. 이것은 상당히 비효율적이다. 따라서 별도의 공정에서 빨리 생산할 수 있도록 사출성형으로 프리폼을 만들고, 그것을 다음의 몇 대의 블로우성형기 앞에서 재가열해서 성형하는 콜드패리슨방법도 있다. 한 번 냉각시키므로 콜드라고 한다. 결국, 작은 시험관이 종방향과 횡방향으로 늘어나서 분자도 연신되어 강도를 충분히 갖게 된다.

2번에 나누어서 가공한다

요점
BOX

• 핫 패리슨방식과 콜드 패리슨방식
• 페트병은 연신되어 있기 때문에 강하다.

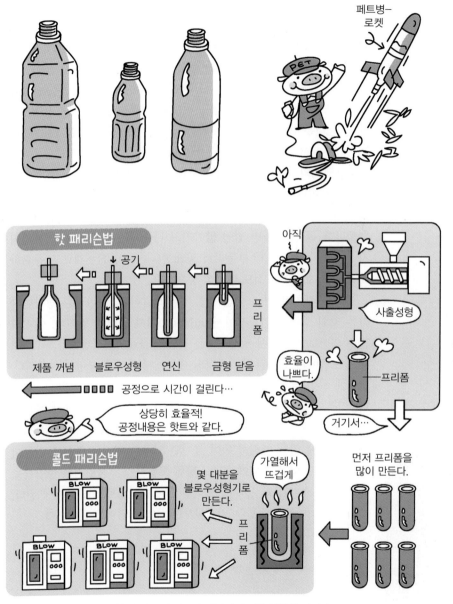

압출블로우성형

페트병-
로켓

핫 패리슨법

공기

제품 꺼냄　블로우성형　연신　금형 닫음

프리폼

아직

사출성형

효율이
나쁘다.

프리폼

공정으로 시간이 걸린다…

거기서…

상당히 효율적!
공정내용은 핫트와 같다.

콜드 패리슨법

먼저 프리폼을
많이 만든다.

몇 대분을
블로우성형기로
만든다.

가열해서
뜨겁게

BLOW
BLOW

프
리
폼

BLOW
BLOW
BLOW

블로우성형보다 사출성형의 경우가 빠르기 때문에 공정을 분할한 것이다.

36 슈퍼마켓 등에서 사용하는 비닐봉투

슈퍼마켓 등에 가면 계산 후에 쇼핑한 물건을 비닐봉투에 담는다. 쇼핑센터에서 받는 봉투이기 때문에 쇼핑봉투라고도 한다. 최근에는 환경을 생각해서 환경부담금을 적용하여 사용한다. 이 비닐봉투는 폴리에칠렌으로 만든다. 상당히 얇은 것으로 야채 등을 감싸는 반들반들한 얇은 것은 10미크론(0.01mm) 정도의 두께이고, 물건을 담는 것은 25미크론에서 35미크론(0.025~0.035mm) 정도이다. 25미크론은 2장으로 1세트의 티슈페이퍼가 50미크론(0.05mm)이므로 이 절반이 한 장의 두께이다.

이와 같이 얇은 플라스틱을 어떻게 만드는가를 살펴보면, 이것도 부풀린다. 풍선을 불면 점점 얇아지고 나중에는 파열되지만, 파열되지 않도록 조절하면서 부풀려서 얇게 한다. 늘어나는 재료도 중요하지만, 기계조건의 조정도 대단히 중요하다.

경제가 팽창해 가는 것을 인플레라고 말하지만, 이것은 팽창한다라는 말의 영어인 인플레이션(Inflation)에서 유래된 말이다. 이것과 같은 의미로 부풀려서 팽창시키는 것을 인플레이션성형이라 한다. 원통의 노즐에서 압출된 플라스틱의 내부에서 공기를 넣어서 부풀린다. 그렇게 하면 풍선처럼 부풀려지면서 내부는 공기로 냉각되어 굳어진다. 외측도 공기를 불어서 냉각시킨다. 이것을 가이드판으로 유도하여 끼워서 밀착시키며 접고, 후공정에서 롤러로 감는다. 이것을 절단해서 편측에 열을 가해서 녹여 붙이면 입구가 열리는 봉투가 만들어진다. 이것도 부풀릴 때에 플라스틱의 고분자가 부풀려지는 방향으로 배열(또는 배향)됨과 동시에 끌어당기는 방향으로도 연신하게 된다. 따라서 슈퍼마켓에서 받는 비닐봉투는 물건을 넣어도 튼튼하다.

아주 얇은(極薄) 필름을 부풀린다

요점 BOX
- 부풀려서 연신시키는 인플레이션성형
- 비닐봉투성형

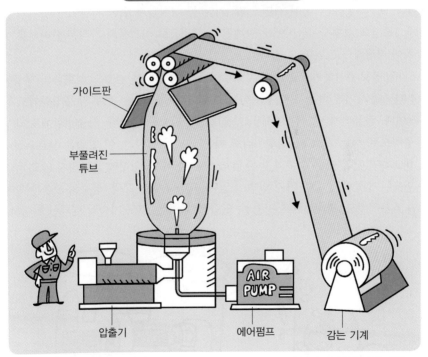

압출기에서 압출된 튜브가 아직 연한 상태에서 입구에서 불어넣은 공기로 부풀려서, 얇은 필름을 만든다. 랩필름이나 비닐봉투 등의 필름을 만드는 데 적정하다. 부풀려서 만들기 때문에 인플레이션성형이라고 한다.

어떻게 하면 효율이 좋고 경제적으로 만들 수 있을까?

사출성형도 블로우성형도 금형에 접촉하여 뜨거운 플라스틱이 냉각된다. 이렇게 냉각된 것을 기다렸다가 금형을 열어서 제품을 꺼낸다. 뜨거운 플라스틱의 냉각은 사출성형의 경우에는 외측과 내측의 양면에서 냉각되지만, 블로우성형의 경우에는 외측에서만 냉각된다. 내측은 공기가 들어가 있기 때문에 금형과는 접촉되지 않는다. 금형과 접촉하고 있지 않은 면은 냉각도 늦어진다. 따라서 같은 두께의 제품의 경우에는 사출성형품의 경우가 빨리 냉각된다. 이때문에 블로우성형 사이클은 사출성형에 비교해서 길어진다.

성형품의 가격은 간단히 말하면, 기계나 금형비용에 비례하고 생산수량에 반비례한다. 또한 성형사이클이 길면 기계, 기타 등 성형하기 위한 시간이 길어지기 때문에, 1초당의 성형사이클비에도 관계된다. 그러므로 성형품의 가격은 한마디로 어느 쪽이 저렴하다고 말할 수 없다.

3차원 블로우성형이나 2중 벽 블로우의 복잡한 성형은 금형도 성형품의 형상에 맞추어서 움직이게 하는 것이 중요하다. 이와 같은 움직임은 로봇의 움직임에도 공통적이다. 컴퓨터가 발달한 현재의 기술력에서 가능한 일이다. 사출성형에도 내부를 중공으로 하는 가스사출성형이라고 하는 방법이 있지만, 이 압력은 블로우성형과 비교하면 전혀 다른 수준의 높은 압력이다. 플라스틱성형에 국한하지 않고 물건을 만드는 방법에는 여러 가지 방법이 있다. 그러나 같은 모양, 성능의 것을 어떻게 하면 효율적이고, 경제적으로 만들 수 있을까?를 찾는 것도 기술의 세계인 것이다.

제 5 장

압축해서 만드는 압축성형과
흡입하여 만드는 진공성형

37 압축해서 만드는 압축성형

압축성형은 열가소성 플라스틱보다는 열경화성 플라스틱이 많이 사용된다. 열경화성의 성형방법으로는 옛날부터 작업하던 성형방법으로 붕어빵이나 와플 만들기와 비슷하다. 점토와 같은 것에 열경화성 플라스틱의 경화하기 전의 것을 섞어 놓고, 이것을 얇은 떡의 상태로 오목(凹)의 하형에 퍼서 넣는다. 분말상태나 알갱이 상태의 것도 사용된다. 그리고 이것을 볼록(凸)의 상형으로 압축하면서 누른다. 열경화성 플라스틱이 굳어가는 것은 반응에 의해서 고분자로 되어 가기 때문이다. 점토상태 속에서 반응하기 전의 상태 그리고 고분자로의 연결 시간은 그렇게 길지 않다. 금형 내부에서 반응하여 분자가 연결된다. 따라서 이 반응을 빠르게 하기 위해서 금형의 온도는 200℃ 정도로 높게 한다. 금형 안에서 반응이 종료되면 금형을 열어서 성형품을 꺼낸다.

금형의 공간보다도 들어가는 수지의 양이 많으면 압축했을 때에 넘쳐나게 되고, 적으면 미성형 부분이 발생하게 된다. 따라서 압축성형에서는 금형에 재료를 넣기 전에 재료를 어느 정도 투입할까를 계량하는 것이 매우 중요하다.

열경화성 플라스틱의 성형에서는 반응할 때에 가스가 많이 발생하기 때문에 가스빼기도 중요하다. 그러나 이 가스가 액화해서 금형에 부착되므로 금형의 유지를 위한 청소도 필요하다. 또한 열경화성 플라스틱은 점도가 낮기 때문에 버도 발생하기 쉽고, 성형 후의 버 제거 작업도 번거롭다.

이와 같이 압축성형은 사출성형과 비교해서 기계도 금형도 간단하기 때문에 저렴하지만, 작업이 까다로워서 열경화 플라스틱도 성형할 수 있는 사출성형기도 있다. 열경화성 플라스틱의 사출성형기도 열가소성 플라스틱과 같이 스크류실린더를 사용하지만, 정체되어 실린더 속에서 경화하면 큰 일이므로 역류방지밸브는 사용할 수 없고, 실린더의 온도도 100℃ 정도로 낮은 온도로 설정되어 있다.

주로 열경화성 플라스틱의 성형

> **요점 BOX**
> • 압축성형은 열경화성 플라스틱이 주류이다.
> • 열경화성 플라스틱은 반응해서 경화한다.

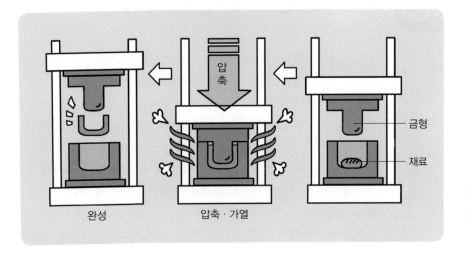

완성   압축 · 가열

금형
재료

압축성형에서는 재료의 적정한 분량이 중요하다.

틈새
금형
적다.

많다.
밀려나옴
금형

붕어빵이나 와플 만들기와 같은 원리로 금형 안에 플라스틱을 넣고, 가열, 압축해서 성형하는 방법이다. 열경화성 플라스틱을 사용해서 작은 국그릇, 접시, 컵 등과 같은 입체적인 성형품을 만드는 데 사용한다.

38 SMC성형과 트랜스퍼성형

점토상태의 덩어리를 대체하여, 점토가 시트상태로 된 것이 있다. 그 시트는 성형품의 살 두께가 두꺼운 곳에는 시트의 장 수를 많이 겹치는 등의 방법으로 필요한 살의 두께로 조정하는 것도 가능하다. 재료에는 열경화성 플라스틱의 원재료 외에도 충진재 등을 섞어서 점토상태로 하지만, 이렇게 혼합하는 것(Compound)이기 때문에 SMC(Sheet Molding Compound)라고 한다. 따라서 이 성형방법은 시트를 사용한 성형이고, 이 원재료는 여러 가지를 혼합한 것이므로 SMC성형이라고 한다. SMC성형에서는 큰 성형품으로 불포화폴리에스테르를 사용해서 버스 앞뒤의 대형 성형물을 만들고 있다. 시트를 대신해서 믹서로 혼합한 점토상태의 덩어리(Bulk)를 사용하는 성형방법은 BMC(Bulk Molding Compound)성형이라고 한다. 압축성형의 한 종류이다.

압축성형의 연장으로 사출성형에 가까운 트랜스퍼성형이라고 하는 방법이 있다. 트랜스퍼란 운송한나는 의미로 트랜스퍼포트 (Transfer pot)에서 금형에 재료를 이송하는 것을 말한다. 압축성형과 비교하면, 금형을 닫은 상태에서 런너를 통과해서 플라스틱을 주입하기 때문에 버가 발생하기 어려운 특징을 갖고 있다. 또한 사출성형에 가깝기 때문에 성형 자체도 압축성형에 비교하면 효율적인 성형방법이라고 할 수 있다. 그러나 주입하기 위해서 높은 압력이 필요하기 때문에 기계가 고가인 점과 주입하는 쪽의 포트에 재료가 남기 때문에 재료 효율이 나쁜 점 등의 단점이 있다.

앞에서의 덩어리 상태의 BMC 재료를 호퍼에서 피스톤이나 별도로 설치된 스크류에서 주입하여 사출도 한다. 그러나 BMC도 열경화성 플라스틱이므로 사출성형이라고 해도 스크류실린더는 BMC 전용의 것으로 되어 있다.

사출성형에 가까운 트랜스퍼성형

요점 BOX
- SMC, BMC는 재료의 모양에서 붙여진 이름
- 트랜스퍼성형은 압축성형과 사출성형의 중간

SMC성형

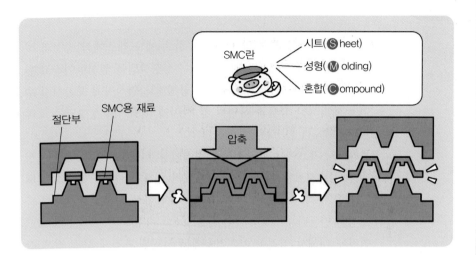

SMC란
- 시트(**S**heet)
- 성형(**M**olding)
- 혼합(**C**ompound)

절단부　SMC용 재료

압축

트랜스퍼성형

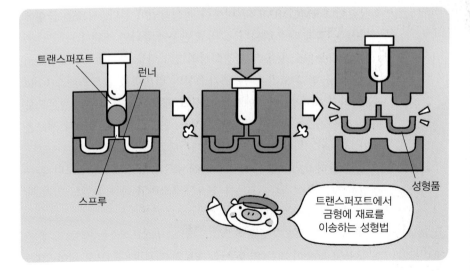

트랜스퍼포트　런너

스프루

성형품

트랜스퍼포트에서
금형에 재료를
이송하는 성형법

핫프레스성형(Hot press성형)

플라스틱 시트에 열을 가해서 연하게 한 뒤에 프레스에서 상형과 하형의 사이에 넣고 눌러서 모양을 만드는 성형방법을 열성형이라고 한다. 뒤에서 설명하는 진공성형이나 압공성형도 열성형에 포함시킬 수 있지만, 여기서는 상형과 하형의 틀 사이에 끼워져서 성형되는 프레스성형에 대해서 설명한다.

플라스틱 시트에는 열가소성과 열경화성의 시트가 있다. 열가소성의 경우에는 시트를 가열할 때에 재료가 연해지는 온도까지 가열해서, 그것을 냉각된 금형에 넣고 압축한 후에 금형 속에서 냉각하여 굳혀 모양을 만든다.

이것에 대해서 열경화성의 경우에는 시트를 뜨겁게 하는 것은 같지만, 어느 정도 연해질 때까지 멈춘다. 온도가 너무 높으면 열에 의해 경화해서 굳어버리기 때문이다. 이 상태에서 이번에는 200℃ 정도의 높은 온도에서 가열한 금형에 넣는다. 그렇게 하면 금형 속의 시트에 포함된 열경화성 플라스틱이 경화반응을 시작해서 굳게 된다. 압축성형이나 SMC, BMC와 비슷한 성형방법이 된다. 시트를 금형에 끼워 넣는 곳이 다소 다르다. 그리고 반응이 끝나면 꺼낸다.

또한 금형온도가 높은 열경화성의 열성형을 핫프레스(Hot press)라 하고, 금형 온도가 낮은 열가소성의 열성형을 콜드프레스(Cold press)라고 하지만, 해외에서는 성형할 때의 재료온도가 금형온도보다 높은 열가소성의 열성형을 핫프레스, 반대로 금형온도보다 재료온도가 낮은 열경화성 성형을 콜드프레스라고 한다.

경우에 따라서는 같은 열가소성에서도 금형온도가 융점보다 높은 성형을 핫프레스, 낮은 경우를 콜드프레스라고 하는 문헌도 있기 때문에 정해진 정의는 없는 것 같다.

추가로 철 등의 강재료의 열간프레스, 냉간프레스는 재료 자체 온도의 높고 낮음이 기준(역자주: 강재료의 재결정온도)으로 되어 있다.

> **요점 BOX**
> • 열성형에는 프레스성형, 진공성형, 압공성형
> • 핫프레스, 콜드프레스의 정의는 아직 미정이다.

압축성형과 SMC성형에 유사

열프레스성형의 구조

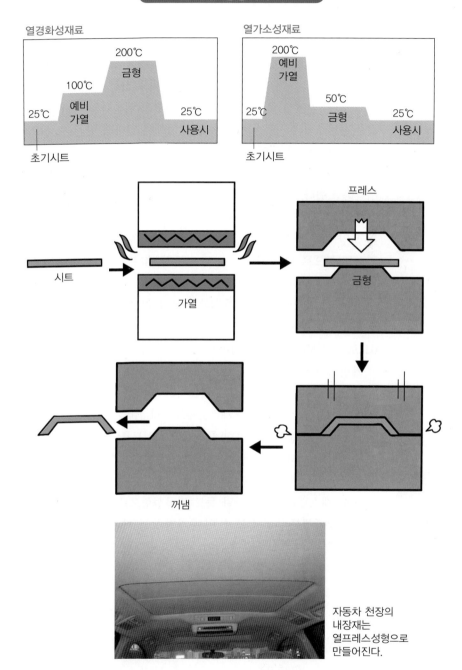

열경화성재료

200℃
금형
100℃
예비
가열
25℃
25℃
사용시
초기시트

열가소성재료

200℃
예비
가열
50℃
금형
25℃
25℃
사용시
초기시트

시트

프레스

금형

가열

꺼냄

자동차 천장의
내장재는
열프레스성형으로
만들어진다.

99

40 계란팩의 진공성형

여러분은 슈퍼마켓에서 계란이 플라스틱의 팩에 넣어 판매되고 있는 것을 볼 수 있다. 이 케이스는 진공성형이라고 하는 성형방법으로 만들고 있다. 앞에서 설명하였지만, 진공성형도 열성형의 하나이다. 이것은 플라스틱의 시트를 히터로 열을 가해서 연하게 한 것을 시트의 양 끝에서 공기가 새어 나가지 않게 하고 금형(틀) 내부를 진공상태로 한다. 진공으로 한다는 것을 간단히 설명하면, 흡입한다는 것으로 생각하면 쉽다. 이렇게 하면, 연하게 된 시트가 금형 안으로 흡입되어 간다. 그리고 금형에 플라스틱이 밀착되면 냉각되어 굳어지면서 금형의 모양으로 전사되며, 금형에서는 전사되는 쪽만 필요하다. 또한 완전히 진공으로 되어 있다고 해도 지구의 대기압(공기압력)은 1기압 정도이므로 진공(0기압) 상태에서는 대기압은 최대 1기압 밖에 안 된다. 따라서 금형은 그렇게 튼튼할 필요가 없다. 한편, 마이너스에서 진공의 값을 표시하는 경우도 있지만, 그 경우에는 이 대기압 상태를 0으로 한 상대적인 표현방법이고 기준점이 다르다.

계란팩 이외에도 두부를 담는 하얀 용기, 편의점의 도시락, 식기판 등의 식품계에서 진공성형으로 만들어진 것을 많이 볼 수 있다. 컵라면이나 컵우동 등의 용기나 패스트푸드점의 햄버거 등을 넣는 하얗고 가벼운 단열성 용기는 발포한 플라스틱의 시트를 사용해서 진공성형으로 만들고 있다. 다만, 발포 플라스틱이 아닌 공업소유권이나 폐기물을 고려해서 종이로 만든 것도 나오고 있다.

또한 패스트푸드점의 간판 등도 진공성형으로 만들고 있고, 장난감이나 축제행사 등에서 볼 수 있는 가면 등도 이 방법으로 만들고 있다. 진공성형 제품도 상당히 많이 우리 주변에서 쉽게 볼 수 있게 되었다.

흡입하여 성형하는 진공성형

요점 BOX
- 진공성형은 시트를 연하게 하여 금형에 흡입하는 성형방법
- 계란팩이나 식품용기가 대표적이다.

진공성형으로 만들어진 용기

계란을 넣는
플라스틱 용기
두부, 도시락 등

두부

진공성형가공의 방법

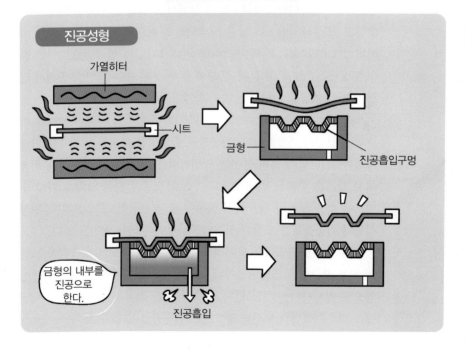

진공성형

가열히터

시트

금형

진공흡입구멍

금형의 내부를
진공으로
한다.

진공흡입

41

진공성형과 압공성형

진공성형은 식품관계나 장난감 등에 이용되는 것만이 아니고, 자동차 분야에도 광범위하게 이용되고 있다. 금형(틀)에 흡입해서 모양을 만들기 때문에 모양에 따라서는 어느 부분에서 먼저 금형에 접촉되고 냉각하게 되면 다른 곳이 얇아지고 해서 좋은 성형품이 되지 않는 경우도 있다. 공업적으로도 디자인은 상당히 중요하기 때문에 각이 있어야 할 부분이 둥글게 되기도 하고, 기울어져서 상품가치가 저하되는 경우도 있다. 이러한 때에는 가열해서 연하게 하고 흐물해진 상태의 시트를 당겨서 늘리거나 부풀려서 틀에 균일하게 되도록 하는 방법도 개발되고 있다. 경우에 따라서는 보조 플러그(Plug)라고 하는 것으로 부분적으로 누르는 등의 보조를 하여 모양이 잘 성형될 수 있도록 안내하는 것도 있다.

그러나 진공이라고 하는 것은 앞에서도 설명했지만, 우리들이 생활하고 있는 대기압보다 낮은 상태이므로 최대의 흡입이라고 해도 마이너스 1기압이다. 다시 생각하면 최대 1기압의 압력만으로 시트를 누르고 있는 것이기 때문에, 금형에 눌러 붙게 하는 힘이 부족해서 금형 표면의 모양을 전사하는 데도 한계가 있다.

따라서 이 진공에 의한 압력보다도 더 큰 압력을 가하여 눌러 붙이는 압공성형이 개발되었다. 진공으로 흡입하는 측과는 반대측에 압력을 걸어서 금형에 눌러 붙이는 방법이다. 그렇게 하기 위해서는 진공에서 당기는 쪽과는 반대측에도 박스 등으로 감싸서 압력을 가할 수 있도록 하는 구조가 필요하기 때문에 조금 복잡한 구조가 된다. 진공성형과 압공성형을 조합한 진공압공성형이라 하는 방법도 있다.

자동차의 인판넬이나 도어의 내장품 등에 가죽모양의 촉감을 느끼게 하는 잔주름을 염화비닐이나 폴리우레탄 등의 연한 시트를 진공성형으로 전사시키는 것도 있다. 가죽과 같은 질감을 내기 위해서 뒷면에는 발포우레탄의 쿠션을 넣으면 고급질감을 얻을 수 있다.

성형방법 | 자동차에도 많이 이용되고 있는

> 요점 BOX
> • 진공의 절대값은 최대라고 해도 마이너스 1기압
> • 성형을 보조하는 플러그어시스트

여러 가지의 진공성형과 압공성형

스냅 백(Snap back)성형

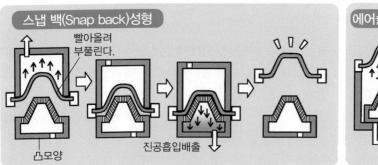

빨아올려 부풀린다.

凸모양

진공흡입배출

에어슬립성형

플러그어시스트성형

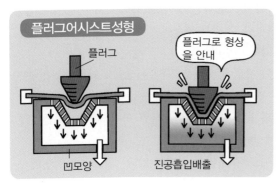

플러그

플러그로 형상을 안내

凹모양

진공흡입배출

플러그로 형상을 안내

플러그

凸모양

압공성형

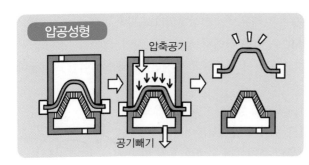

압축공기

공기빼기

고급차의 도어나 인판넬 제작에도 사용된다.

인판넬　도어

내장용 표피에도 사용된다.

성형방법의 호칭방법

진공성형품도 압공성형도 시트에서 성형되기 때문에 만들어진 제품은 거의 균일한 두께의 얇은 것이 3차원 형상으로 되어 있다. SMC나 압축성형에서는 살 두께가 다른 것도 만들 수 있다.

여기서 시트로 성형한다고 하는 것을 냉각의 관점에서 생각해보자. 진공성형이나 압공성형에서는 편측에 모양을 만들기 때문에 금형(틀)에 접촉하고 있지만, 반대측은 공기이다. 이것은 블로우성형에서 설명했던 냉각의 내용을 살펴보면, 냉각효율이 나쁘다는 것을 이해할 것으로 생각한다. 양쪽으로 금형에 접촉하고 있는 프레스금형의 경우가 냉각을 생각하면 효율적인 것이 된다. 그러나 진공이나 압공의 압력크기 정도에서 재료를 변형시킬 수 없는 경우에는 힘으로 제압하는 수밖에 없다. 그렇게 하면 프레스성형이 되어 버린다.

또 하나, 열경화성 플라스틱의 경우에는 열을 가하는 것으로 화학반응을 촉진시킨다. 그렇기 때문에 반대 측은 공기 상태이므로 열이 재료에 전달되지 않는다.

그리고 성형의 효율화는 이와 같은 기술적 이유뿐만 아니라, 금형비를 포함한 장비가격, 생산성을 포함한 경제성에도 관계한다.

어떤 모양의 제품을 만드는 데도 여러 가지 방법이 있다. 그 모양을 한번에 만들 수 있는 성형방법도 있는가 하면, 몇 개를 조합한 방법으로 같은 모양을 만들 수 있는 것도 많이 있다.

이들을 종합적으로 고려해서, 어느 성형방법이 최적인가를 판단하는 것이다. 진공성형, 압공성형, 프레스성형은 대표적인 열성형이라고 말하고 있다.

압축성형도 SMC도 BMC도 열을 가해서 성형하는 것이지만, 플라스틱성형 중에서는 앞의 3개를 열성형으로 하여 구분하고 있지만, 이해하기 어렵고 혼돈하기 쉽다.

SMC에서도 BMC에서도 프레스성형에서도 금형으로 압축하기 때문에 이 점에서는 역시 압축성형이다. 그러나 여기서도 재료의 모양 등의 측면에서 구별한 호칭 방법으로 구분한다.

제 **6** 장

기타 플라스틱성형

42 레이저 등으로 가공해서 만드는 성형방법

입체적인 지도를 만들 때에 이전에는 지상의 모양을 옆으로 층으로 자르듯이 두꺼운 종이를 잘라서 겹쳐 쌓아 만들었다. 이것과 같은 방법으로 한 장, 한 장을 여러 가지 방법으로 적층하여 입체적인 제품을 만들 수 있다. 예를 들어 단백질이나 모래에 잉크젯으로 접착제를 도포하는 것으로 접착제를 도포한 곳에만 굳어져서 한 장의 층이 만들어진다. 이것을 몇 장이라도 적층하여 굳혀진 곳 이외의 가루(모래)를 제거하면 입체지도와 같은 것을 만들 수 있게 된다.

현재는 제품의 형상도 3차원(3D) 데이터로 할 수 있으므로 이 작업은 간단하다. 이것을 3D 프린터라고 한다. 같은 방법을 플라스틱에도 응용할 수 있다. 잉크젯을 대신하여, 레이저를 사용해서 열가소성의 나일론이나 ABS 등의 플라스틱 분말을 녹여서 굳히는 방법이다. 인도나 태국의 특산품으로 그물 모양의 코끼리 안에 작은 코끼리가 들어 있는 목제 제품이 있는데, 이 방법을 사용하면, 이와 같은 모양도 간단하게 만들 수 있다. 플라스틱의 분말을 대신해서 금속 가루를 레이저로 직접 소결하여 금형의 일부를 만들고 있다. 일반적인 가공에서 절삭하는 것이 불가능한 복잡한 미로와 같은 냉각회로의 금형 부품도 만들 수 있다. 주사기와 같은 것으로 녹은 플라스틱을 실처럼 빼내서 이것을 겹쳐 쌓는 방법도 있다. 다른 방법으로는 자외선을 쏘이면 굳는 특수한 플라스틱을 통에 넣어 놓고, 그 표면을 잉크젯과 같이 굳게 하고 싶은 곳에만 자외선으로 쏘이게 하는 방법이다. 그것을 3D 프린터처럼 성형품을 올려 놓은 받침을 1층만큼 내려서 같은 곳을 반복하면 된다. 이 자외선으로 굳힐 수 있는 재료는 자외선으로 경화하는 열경화성 플라스틱이다. 최근에는 MRI나 CT에서의 단층사진의 데이터에서 3차원의 사람의 입체모형을 만드는 것이 가능해졌다.

3차원 프린터방식

요점 BOX
• 각 층을 인쇄하여 적층해서 만드는 입체구조
• 각 층은 3D 프린터 방식의 응용

적층으로 만드는 원리

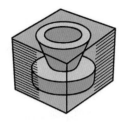

몇 장이라도 적층하여 입체를 만들어 간다.

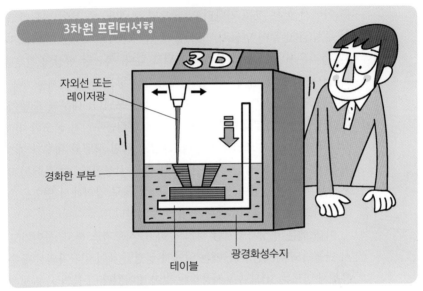

3차원 프린터성형

자외선 또는 레이저광

경화한 부분

테이블

광경화성수지

코끼리 안에 코끼리가 있다. 이러한 것도 3D 프린터로 간단하게 만들 수 있다.

43 주형

콘크리트는 형틀로 만들어진 공간에 굳어지기 전에 부어 넣어서 굳힌다. 이 콘크리트도 화학반응해서 굳는 것이다. 플라스틱의 성형법의 하나로 이것과 같은 방법으로 모양의 형틀을 만들고, 그 형틀 안에 액체상태의 플라스틱을 주입구에 부어 넣는 방법이 있다. 그리고 형틀 안에서 굳는 것을 기다리고, 굳으면 꺼낸다. 즉 부어 넣는다고 해서 주형(注型/부어 만들기)이라 한다. 플라스틱으로서는 아크릴, 나일론, 폴리우레탄, 에폭시 등이 사용되고 있다. 복잡한 형상의 경우에는 목적으로 하는 모양의 모델을 밀폐용기에 넣은 후에 액체를 부을 수 있는 주입구를 붙이고 실리콘수지를 흘려 보낸다. 내부에 모델이 들어간 상태에서 실리콘수지가 굳게 된다. 실리콘수지가 굳으면 이것을 잘라서 열고 안의 모델을 꺼낸다. 그렇게 하면 모델의 내부가 매실의 씨를 빼낸 것처럼 공간이 생긴다. 이 틀을 사용한다. 이 틀에는 먼저 부착한 주입구도 붙어 있다. 이것을 바깥 틀로 강화해서 변형을 억제하고 아크릴이나 폴리우레탄을 흘려 주입한다.

이 모델은 형상가공처럼 깎기도 하고, 자르기도 하고, 붙이기도 해서 만들기도 하지만, 최근에는 앞에서 설명한 레이저나 자외선 등을 사용해서 만드는 3D모델을 사용하는 것이 많아졌다. 주물의 사형(모래형)과 같은 것이지만, 사형도 최근에는 인젝션방식으로 만들고 있다.

공업적인 주형방식에서는 실리콘주형을 사용하면 재사용으로 수 개에서 수십 개를 반복해서 만들 수 있지만, 그 이상은 실리콘주형이 낡아져서 대량생산에는 적용할 수 없다. 양산을 검토하기 전에 시작품의 수준으로 사용하는 성형방법이다.

주형은 곤충을 아크릴에 밀납하거나, 토산품 등을 만들 때 실제로 사용하고 있다.

뜨거운 물을 주입하는 것처럼 만드는 성형방법

요점 BOX
- 크림 젤 만들기와 비슷한 주형(注型)
- 주형의 틀을 만들기 전에 모델이 필요하다.

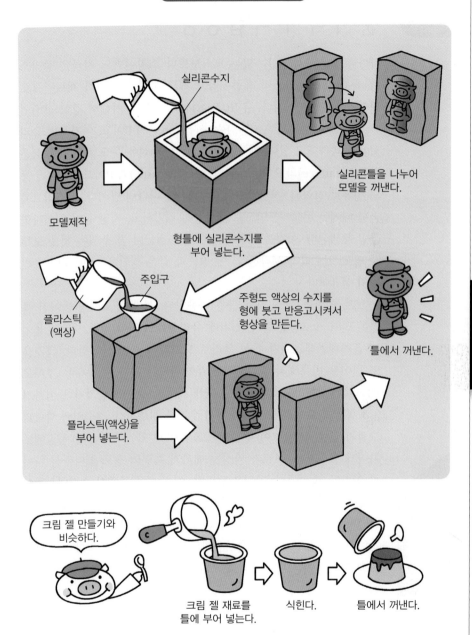

실리콘수지

실리콘틀을 나누어
모델을 꺼낸다.

모델제작

형틀에 실리콘수지를
부어 넣는다.

주입구

플라스틱
(액상)

주형도 액상의 수지를
형에 붓고 반응고시켜서
형상을 만든다.

틀에서 꺼낸다.

플라스틱(액상)을
부어 넣는다.

크림 젤 만들기와
비슷하다.

크림 젤 재료를
틀에 부어 넣는다.

식힌다.

틀에서 꺼낸다.

109

44 도포식 수작업성형과 분사식 수작업성형

바다나 호수에서 볼 수 있는 모터보트나 소형선박도 지금은 플라스틱 제품이다. 플라스틱 제품이라고 해도 오직 플라스틱 재료만으로 되어 있는 것은 아니다. 유리(Glass)섬유 등을 추가해서 강화되어 있다. FRP라고 부르고 있지만, F는 섬유(Fiber)의 F이고, 여기서는 유리섬유를 나타내고 있다. 때로는 탄소(Carbon)섬유 등도 사용된다. R은 강화(Reinforce)의 R이다. P는 플라스틱(Plastic)의 P이다. 즉 유리 등의 섬유로 강화된 플라스틱이라는 의미를 나타낸 말이다. 콘크리트를 굳힐 때에는 콘크리트만으로는 상당히 취약하고, 지진 등이 일어나면 금방 붕괴된다. 이것을 보강하기 위해서 철근이 들어 있는 것을 모두 잘 알고 있으리라 생각한다. 이 철근과 같은 역할을 하는 것이 유리 등의 섬유이다.

보트를 만들 때도 역시 틀을 사용한다. 목재 등으로 만들어진 틀 안은 먼저 겔코팅을 한다. 거기에 유리섬유로 되어 있는 시트를 붙이고 폴리에스테르수지 등을 롤러로 도포해서 스며들게 한다. 그것을 몇 번이든 반복해서 겹침시키면 두꺼워지게 된다. 적층하는 것이므로 적층성형이라고 부른다. 이 때에 적층한 부분에 공기가 들어가지 않도록 롤러로 공기를 밀어내면서 수지를 침투시킨다. 숙련된 사람과 그렇지 않은 사람은 이 부분에서도 차이가 있어서 완성된 품질에도 차이가 발생한다. 보트가 완성될 때까지 숙련의 정도에 따라서 차이가 있지만, 숙련에 수 개월은 걸린다. 이 방법을 도포식 수작업성형이라고 하지만, 도포식 수작업을 조금 자동화한 것이 분사식(Spray) 수작업성형이라고 하는 방법이다. 겔코팅한 목형에 적층된 유리섬유를 절단기로 자르면서 틀에 분사함과 동시에 열경화성수지를 경화제와 함께 도포해 가는 방법이다. 욕조나 탱크 등의 성형에 사용한다.

110

요점 BOX
- 생산수량이 적은 것은 수작업성형으로 한다.
- 조금 자동화한 것이 분사식 수작업성형

도포식 수작업성형

롤러

성형틀

분사식 수작업성형

분사기
(Spray)

열경화성수지

로빙

성형틀

모터보트

욕조

45 침지성형법(浸漬成形法)

고무장갑이나 풍선 등 고무제품의 성형방법이다. 예를 들면 고무장갑을 만드는 경우에 손의 모양을 한 모형틀을 만든다. 그리고 이 모형틀에 이형제를 도포하고 예열한다. 다음은 이 예열한 틀을 천연고무나 합성고무의 수용액(라텍스/Latex)이나 염화비닐 등의 졸(Sol) 상태의 액상의 욕조에 담가서 그 액체를 모형틀의 주변에 부착시킨다. 이때에 모형틀은 뜨거워져 있기 때문에 모형틀에 부착한 액체는 경화를 시작하지만, 바깥은 아직 경화되지 않고 있다. 따라서 이것을 꺼내서 가열로 안에 넣어 가열해서 외측도 경화(Gel화)시키고 그 후에 냉각시켜서 모형틀로부터 벗겨내서 완성한다. 이 졸 상태의 액체 속에 담그는 모습은 줄줄이 달아서 자동 훈제통닭을 만드는 것을 연상하면 이해하기 쉽다. 담그다는 의미의 영어에서 딥(Dip)성형이라고도 부른다. 졸이라 하는 것은 액체상(液體狀)이고, 겔이라 하는 것은 고체상(固體狀)으로 되어 있다는 것을 생각하기 바란다. 모양틀에서 벗길 때에는 내측으로 공기를 불어 넣으면 간단히 벗길 수 있다. 고무상태의 재료이기 때문에 벗기는 것이 가능하여 복잡한 형상도 성형 가능하다. 또한 색상도 다양하게 할 수 있다. 콘돔도 유리틀을 이용해서 이 방법으로 생산하고 있다.

침지성형법은 凸틀 밖에 없고, 그 바깥에 졸 상태의 액상을 부착하므로 그 두께는 침지 시간이나 액상의 점도 등에 따라서 조절된다.

이와 같이 액상에 침지시켜 도포시키는 방법 이외에 도장하는 것처럼 해서 액상염화비닐을 도포하는 침지도장(Dip coating)도 있다. 유리나 도자기 등을 피복(被覆)해서 깨졌을 때에 파편의 튐을 방지(일본은 지진으로 이런 대책이 발달)하기 위해서 사용한다. 유리제품이나 도자기 등 자체를 凸틀로 생각하고 침지성형과 비교하면 표피에서 이형을 생각하지 않고 그대로 피복하는 것이 다르다. 펜치 등의 절단공구에서 손에 접촉하는 부분 등에 이 침지도장방법을 사용하고 있다.

112

담가서 부착시키는 성형

요점 BOX
- 통닭구이에서 양념 바름과 비슷한 침지성형
- 침지는 딥(Dip)

침지(딥)성형

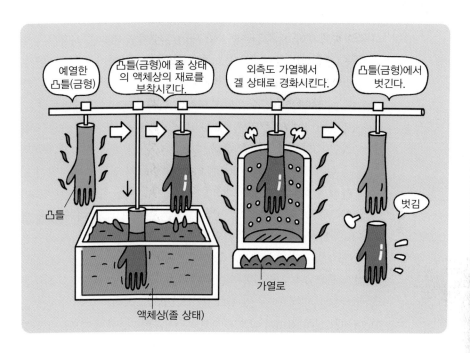

펜치나 니퍼 등 절단공구의 손잡이 부분에 부드러운 플라스틱이 도포되어 있지만, 이것도 침지성형법에 의해서 부착시킨 것이다.

46 파우더 슬러시, 회전성형

파우더 슬러시의 파우더는 분말의 의미로 수지의 가루를 사용하는 방법이다. 침지성형과는 반대로 밀폐된 틀을 생각해보자. 이 밀폐된 틀을 분말수지가 녹는 온도까지 가열해서 그 안에 분말수지를 넣는 방법이다. 이 분말상태의 수지는 부드러운 염화비닐이나 우레탄이다.

먼저, 분말상태의 수지를 아래의 통 속에 넣어 놓는다. 가열한 틀을 아래의 수지분말 통에 씌운다. 그리고 가열한 틀과 수지가 들어있는 통을 함께 회전시킨다. 이렇게 하면 안에 들어 있는 수지분말이 가열된 틀에 떨어져서 이동된다. 가열된 틀에 접촉한 수지분말은 녹아서 틀에 부착하고, 녹지 않고 남은 분말은 다시 원래의 아래 통에 남게 된다. 회전을 계속하면, 가열된 틀의 내측에는 어느 두께의 녹은 수지 층이 만들어진다.

다음에 분말수지의 통과 분리해서, 이번에는 가열된 틀의 외측에 물을 분사하는 등의 방법으로 냉각시킨다. 그리고 식어서 굳은 수지를 틀의 안에서 잡아 끌면서 안으로 오므리듯이 꺼낸다. 이 방법으로 고급자동차의 인판넬의 표피 등을 성형해서 이것과 사출성형으로 만든 내측과의 사이에 발포한 쿠션을 넣어서 인공가죽의 질감을 갖도록 한다. 진공성형에서 성형한 표피보다 부드럽고 고급스러운 느낌이 있다.

이것과 같이 분말을 사용한 방법으로 전체를 제품의 형상으로 성형하는 회전성형이 있다. 예를 들면 회전성형으로 탱크와 같이 큰 중공형상의 것을 만드는 방법이다. 회전성형이란 가열한 틀의 내부에 분말을 넣고 틀을 회전시켜서 내벽에 용융부착시킨 후에 식힌다. 이 때에 회전은 1축만이 아니고 2축으로 회전시켜서 전체에 빈 틈 없이 고르게 수지가 부착되도록 한다. 그리고 틀을 열어서 제품을 꺼낸다. 이 성형방법은 블로우성형처럼 내부에 압력을 가할 필요가 없기 때문에 금형을 강한 구조로 만들 필요도 없다. 가로등의 전기외측 케이스나 마네킹, 초대형 탱크, 골프카의 차체 등이 이 성형법으로 만들어진다.

분말을 사용한 성형방법

요점 BOX
• 파우더 슬러시도 회전성형도 분말로 성형한다.
• 고급자동차의 인판넬에도 적용되고 있다.

분말로 만드는 성형방법

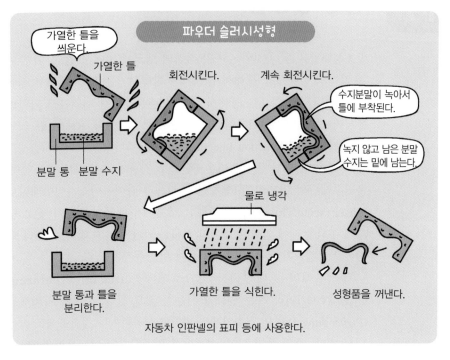

파우더 슬러시성형

가열한 틀을 씌운다.

가열한 틀

분말 통 분말 수지

회전시킨다.

계속 회전시킨다.

수지분말이 녹아서 틀에 부착된다.

녹지 않고 남은 분말 수지는 밑에 남는다.

물로 냉각

분말 통과 틀을 분리한다.

가열한 틀을 식힌다.

성형품을 꺼낸다.

자동차 인판넬의 표피 등에 사용한다.

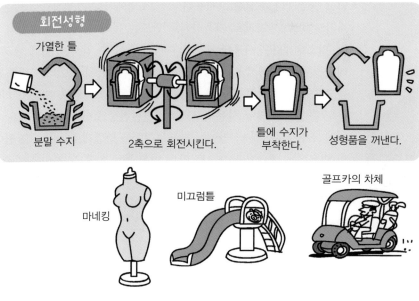

회전성형

가열한 틀

분말 수지

2축으로 회전시킨다.

틀에 수지가 부착한다.

성형품을 꺼낸다.

마네킹

미끄럼틀

골프카의 차체

47 반응성형법

반응성형법은 두 가지의 수지가 각각의 탱크에 넣어져 있고, 이 수지는 각각의 파이프를 통해서 흘러가서 합류시키는 노즐 내에서 섞여지고, 하나의 파이프를 통해서 금형의 제품공간에 채워져서 화학반응시키는 방법으로 RIM이라고 하는 성형방법이다. RIM이란 리액션 인젝션 몰딩(Reaction Injection Molding)의 약자로 반응사출성형의 의미이다. 옛날에는 폴리우레탄으로 자동차의 범퍼도 만들었다. 폴리우레탄의 경우의 두 액체란 폴리올과 다이아이소사이아네이트(diisocyanate)라고 하는 액체이다. 액체이기 때문에 점도가 낮고 금형에 주입할 때에 압력은 10기압 이하로 그다지 높지 않다. 그러나 액체이므로 점도가 낮아서 버의 발생이 쉬운 문제가 있다.

폴리우레탄을 대신해서 짐크로베타젠(Jim crow betazen/ $C_{19}H_{20}N_2O_2$)이라 하는 원료를 사용한 것도 있다. 소형의 파워셔블(Power shovel) 등의 건설기계의 범퍼로 사용하거나 정화조에도 이용되고 있다. 앞의 폴리우레탄성형에서 발포시키는 발포폴리우레탄이 되고 단열재나 쿠션재로 사용된다. 발포법에서는 기계적으로 발포시키기도 하고, 발포제로 거품상태로 만드는 등의 여러 가지 방법이 있다. 발포우레탄을 사용한 제품도 다양하게 볼 수 있지만, 틀에 발포우레탄을 흘려 넣어서 만드는 방법, 큰 발포우레탄의 덩어리를 먼저 만들고 그것을 자르고 깎아서 모양을 만드는 방법도 있고, 자동차 의자 등의 쿠션에도 많이 사용되고 있다. 건설현장 등에서 볼 수 있는 간이식 조립사무실의 벽 안에는 발포우레탄을 단열재로 사용하고 있다. 이 경우에는 베니어판 등으로 만든 벽을 틀로 하고 그 사이를 가솔린 주유기처럼 생긴 노즐에서 발포한 우레탄수지를 불어 내면서 흘려 보낸다. 파우더 슬러시성형으로 만들어진 인판넬의 표피도 본체와의 사이에 쿠션이 되도록 이와 같은 성형방법으로 만들어진다.

방법 액체를 혼합하면서 부어 넣는 성형

요점 BOX
- 액체를 섞어서 화학반응으로 굳히는 반응성형
- 사출성형보다 압력은 매우 낮다.

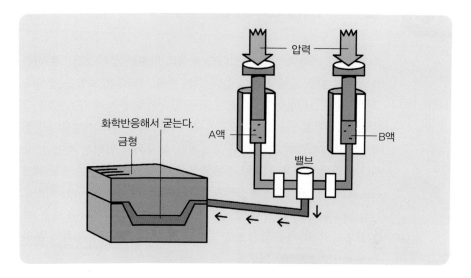

반응사출성형

압력

화학반응해서 굳는다.

금형

A액

B액

밸브

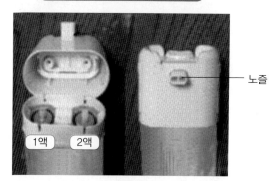

2액 혼합식 염색기구

노즐

1액　2액

시판하는 2액 혼합형의 염색약

파우더 슬러시로
만든 표면의 내측에
발포우레탄이 들어
있는 자동차도 있다.

48 발포스티롤성형

휴대전화나 카메라 등을 구입하면 백색의 가벼운 플라스틱으로 만들어진 쿠션 박스 안에 제품이 들어 있는 것을 여러분은 보았을 것이다. 그것이 발포스티롤이다. 잘 보면 작은 알갱이로 뭉쳐져 있는 것을 알수 있다. 이것은 폴리스티렌으로 다른 이름으로는 폴리스티롤이라 불려지는 플라스틱의 한 종류로 포함된다. 발포되어 있어서 가볍다. 축제나 야외에서 사용하는 얇고 투명한 컵이 있다. 이것을 손으로 찌그러뜨리면 바스락 하고 부스러지거나 쉽게 꾸겨지게 되는데, 이것도 폴리스티렌으로 만들었지만, 발포한 것은 아니다. 발포하면 거품 막(발포입자의 막)이 포함되므로 빛이 통과할 수 없어서 투명하지 못하고 백색으로 보인다.

성형방법은 온도가 높게 되면 발포하는 가스를 구슬모양의 폴리스티렌으로 사전에 포함시켜 놓는다. 그 후에 폴리스티렌은 90℃ 부근에서 연하게 되기 때문에 수증기로 예비가열하면 포함되어 있는 가스가 거품상태가 되어 폴리스티렌의 구슬모양의 알갱이를 부풀린다. 부풀려진 알갱이의 표면은 부드러운 상태이다. 이것을 금형(틀) 안에 흘려 보낸다. 그리고 더욱 더 증기를 가열하고 진공상태를 만들어서 금형 안에서 팽창시키면 알갱이들이 서로 붙어버린다. 그 후에 식혀서 만들어진 것이 발포스티롤로 만들어진 제품(모형)이다. 30~50배 정도로 발포하기 때문에 잘 관찰하면 알갱이의 집합체라는 것을 알 수 있다. 발포해서 팽창되었기 때문에 팽창의 익스팬드(Expand)를 사용했다는 폴리스티렌의 의미로 EPS(Expanded poly styrene)라고 한다.

발포폴리프로필렌도 같은 방법으로 만들어진다. 발포스티롤도 발포폴리프로필렌도 백색이기 때문에 눈으로 보아서는 구분하기 어렵다. 발포스티롤은 쉽게 부서지지만, 폴리프로필렌은 부서지기 어려워서 부서짐 정도로 구분할 수 있다. 발포폴리프로필렌은 발포스티롤에 비해서 고가이므로 특수한 용도로 사용한다.

> 요점 BOX
> • 둥들둥글 알갱이로 보이는 발포스티롤성형
> • 포장용 쿠션으로 많이 사용된다.

압출성형과 다른 발포스티롤성형

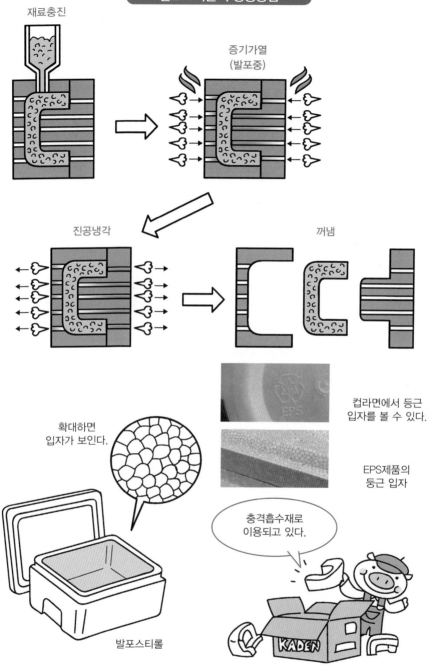

발포스티롤의 성형방법

재료충진

증기가열
(발포중)

진공냉각

꺼냄

컵라면에서 등근
입자를 볼 수 있다.

EPS제품의
둥근 입자

확대하면
입자가 보인다.

충격흡수재로
이용되고 있다.

발포스티롤

49 인발성형

전선피복성형은 플라스틱을 압출하면서 인발하는 것이지만, 인발성형도 이것과 비슷한 성형방법이다. 압출성형은 영어에서도 '바깥으로 밀어내다'라는 의미를 갖는 접두어 Ex의 익스트루션(Extrusion)으로 표기한다. 예를 들면 몇 가닥의 실을 뽑으면서 꼬아서 끈에 풀을 먹이는 것을 생각해 보기 바란다. 줄이기 때문에 한 가닥씩 뽑으면서 엮어서 끌어가는 것이 된다. 밀어낸다는 것은 생각할 수 없다. 그 전에 풀을 줄에 바르는 것이 되지만, 이것은 풀통을 관통해서 지나가는 것이다. 너무 많이 발라진 풀은 줄을 꼰 후에 제거하면 된다. 그 후에 풀을 말리면 좋은 상태로 된다.

이것과 비슷한 방법으로 열경화성 플라스틱을 사용한 것이 인발성형이다. 유리섬유(Glass fiber)나 탄소섬유(Carbon fiber)로 강화한 플라스틱을 FRP나 CFRP로 부르지만, 인발성형도 FRP성형으로 된다. 유리섬유나 탄소섬유 등이 불포화 폴리에스테르수지나 에폭시수지, 페놀수지 등의 반응하기 전의 액상수지가 들어 있는 통을 관통해서 지나간다. 이때 너무 많이 붙은 플라스틱을 제거하고 꼬인 상태를 조정하기도 한다. 경우에 따라서는 편심시키거나 일정한 형상을 한 틀을 관통시켜서 모양을 조정한다. 그 다음에 열경화성 플라스틱의 반응을 촉진시키기 위하여 가열로를 통과시키는 효과적인 외부공정을 만들기도 한다. 골프채나 낚싯대, 화살도 탄소섬유 제품이지만, 그것들은 인발성형으로 만들어진다. 인발성형도 압출성형과 같이 다이를 통과해서 연속적으로 생산하기 때문에 같은 형상의 판형, 원형, 4각형의 파이프는 물론 凹형의 채널 등의 건축용 구조재료 등에도 사용된다.

120

끌어당겨서 빼내는 성형방법

요점 BOX
• 액체를 스며들게 해서 반응시키고 굳히는 성형
• 둥근 제품이 주류

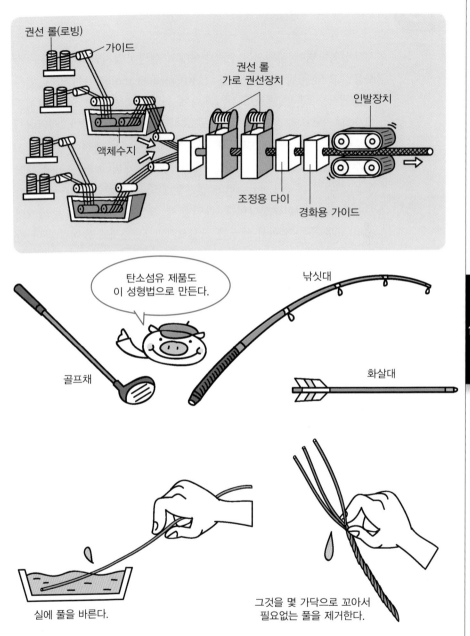

권선 롤(로빙)
가이드
권선 롤
가로 권선장치
인발장치
액체수지
조정용 다이
경화용 가이드

탄소섬유 제품도
이 성형법으로 만든다.

낚싯대

골프채

화살대

실에 풀을 바른다.

그것을 몇 가닥으로 꼬아서
필요없는 풀을 제거한다.

이것과 같은 것이 인발성형이다.

121

50 캘린더성형 외 기타

시트성형방법에 대해서는 압출성형에서 설명하였지만, 이 외에도 잘 사용하고 있는 방법으로 캘린더성형(Calender molding)이 있다. 압출성형에서도 '혼련(混鍊/고분자재료에 화학재료를 넣고 열과 기계를 이용하여 고르게 섞는 작업)'이 중요하다고 설명하였지만, 캘린더성형도 섞는 것이 매우 중요하다. 지금은 세탁기에서 세척한 것을 원심 탈수방식으로 탈수하고 있지만, 예전에는 두 개의 롤러 사이에 세탁물을 끼워서 짜냈다. 이 원리와 밀가루 반죽을 밀봉으로 펴는 원리를 사용한 것이 캘린더성형이다. 가열한 두 개의 롤러 사이에 플라스틱이나 고무 등을 넣어서 롤러를 회전시키면 그 틈새에 들어갈 때에 강하게 압연되며 넓혀지게 된다. 이 롤러를 2개 이상 배열해서 압연으로 시트를 만든다. 시트가 끼워지는 롤러에 디자인 모양을 넣으면 그 디자인 모양대로 전사된 시트가 된다. 이러한 시트는 진공성형 등의 열성형용 재료로도 사용된다.

그럼, 왜 이와 같이 같은 것을(여기서는 시트) 만드는 방법이 여러 가지 있는가를 한 마디로 말하면 '경제성'이다. 간단히 말하면, '요구하는 품질의 것을 얼마에 만들 수 있는가?'라는 것이 된다.

주변에서 볼 수 있는 컵라면의 케이스는 PSP의 발포스티롤로 만들기도 하고, 종이로 만들기도 한다. 같은 발포스티롤이라 해도 해외에서는 EPS로 만들고 있는 컵라면의 용기도 볼 수 있다.

마네킹인형은 열성형으로 만들기도 하고, 회전성형으로 만들기도 하는 여러 가지 방법이 있다. 회전성형이 아니어도 진공성형에서는 절반이지만, 양측을 만들어서 붙이는 것도 가능하다. 그러나 만드는 데 손이 많이 간다. 롤러성형도 사용될 수 있을지도 모르겠지만, 금형 비용이나 기계 가격도 높아진다.

절반으로도 좋다면, 기술적으로는 사출성형으로도 가능하다. 그러나 롤러성형 보다 더 비싸진다.

요점 BOX
- 압출성형이 아니고 캘린더식 시트성형방법
- 각종 성형방법은 목적(제품)을 달성하기 위한 수단

압출성형과는 별도의 시트 성형방법

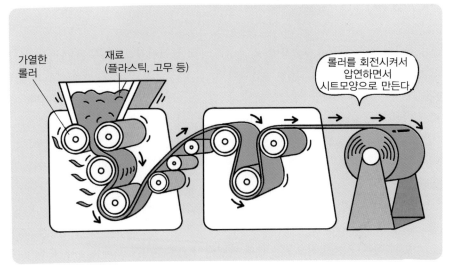

가열한
롤러

재료
(플라스틱, 고무 등)

롤러를 회전시켜서
압연하면서
시트모양으로 만든다.

밀가루 반죽과
같은 원리이다.

레버를 돌려서
2개의 롤러
사이에
물려서 누른다.

이전의 세탁기

태국, 인도 등에서
볼 수 있다.

사탕수수를 짜서
주스를 만든다.
수동으로 짜는
이전 세탁기의
롤러는 같은 원리이다.

경제성과 성형방법

플라스틱성형의 주류는 사출성형, 압출성형, 롤러성형이지만, 그 주된 목적은 양산성이다. 하루에 몇 백, 몇 천개 생산한다면, 기계도 금형도 고가이어도 그 가격은 개수로 나눈 것이 되지만, 생산수량이 적으면 비용이 증가되어 안 되는 것이다. 따라서 다른 성형방법이 선택되는 것이다.

예를 들면 마네킹을 회전성형, 열성형, 롤러성형으로 만드는 경우 기술적으로는 여러 가지 성형방법의 선택이 가능하지만, 선택하는 데는 경제성이 깊게 관여되어 있다.

소형선박은 사출성형이나 블로우성형, 진공성형 등으로는 제조할 수 없다. 그 정도로 수량이 나오지 않기 때문에 만약 기술적으로 가능하다고 해도 일부러 고가로 만드는 것이다. 기술적으로는 금형 체결력이 1만 톤이라고 해도 소형 모터보트 정도는 유리섬유가 들어간 플라스틱을 사용해서 사출성형으로 모양을 만드는 것도 가능할 지 모른다. 모터보트에서는 없지만, 자동차에서는 생산수량이 많기 때문에 가능할지도 모른다. 실제로 미국에서는 플라스틱 자동차의 차체를 성형한 사출성형기와 금형을 만든 적도 있다.

플라스틱성형에서는 여러 가지 성형방법이 있지만, 그것들은 목적하는 제품을 만들기 위한 수단이다. 목적(제품)을 달성하기 위해서는 어떠한 수단이 가장 효율적일까를 검토해서 그 방법을 결정하는 것이 된다. 따라서 목적하는 판매수량 예측을 잘못하면 큰 문제가 발생한다.

최근에는 3D 프린터를 저렴하게 구입할 수 있어서 같은 모양의 것을 몇 개라도 만들 수 있게 되었다. 사출성형이나 블로우성형처럼 생산성은 별로 좋지 않지만, 형상의 자유도는 뛰어나다. 3D 프린터로 권총 등도 만들 수 있고, 네트워크(Nerwork)상에 올려서 각광을 받기도 했다. 3D 프린터 성형방법은 앞으로 플라스틱성형에 변화를 일으킬지도 모른다.

제 7 장

접착과 용착

51 플라스틱의 접착

본 절에서는 플라스틱을 직접 성형하는 것이 아닌 조합해서 모양을 만들거나 모양에 가치를 증가시키는 것을 살펴보기로 한다.

플라스틱만이 아니고 금속제품이나 목재제품에서도 깎아내고 잘라내서 만든 부품을 나사로 조립하고 접착제로 붙이기도 한다. 나무의 경우에 용접은 안 하지만, 금속은 용접도 한다. 플라스틱도 마찬가지로 용접하는 방법이 있다. 다만 플라스틱의 경우, 용접이라기 보다 용착(溶着)이라는 표현을 더 많이 사용한다. 이것에 대해서는 여러 가지 방법이 있으므로 뒤에서 상세히 설명한다.

나사로 고정하는 것은 금속, 목재, 플라스틱에서 모두 같은 방법이다. 플라스틱도 같은 접착(接着)을 할 수 있지만, 플라스틱 재료에 따라서는 다른 처리를 하지 않으면 접착되지 않는 것이 있다. 여러분도 플라스틱 장난감이나 잡화용품이 깨졌을 때에 순간접착제로 접착을 해도 안 되는 경험을 했을 것이다. 폴리에틸렌이나 폴리프로필렌 등이 안 붙는 플라스틱이다. 이것들은 왜 보통의 접착제로 붙지 않을까? 그것은 고분자의 분자구조와 관계가 있다. 쉽게 설명을 하면, 테프론(Teflon/4불화 에틸렌수지/내마모성, 내식성, 내접착성 등)처리가공된 프라이팬을 생각해 보자. 테프론 처리된 프라이팬에 물을 부어도 튀어버린다. 접착제도 마찬가지이다. 폴리에틸렌이나 폴리프로필렌도 비슷한 성질이 있다고 생각하면 된다.

접착된다는 것은 상대와 강하게 연결되는 것이지만, 반대로 연결이 안 되는 것은 붙지 않는다. 이 정도를 접착성이라고 한다. 분자의 구조에서 말하면, 전기적으로 매끈매끈(전기적인 편심이 없다는 뜻)하기 때문에 상대(접착제)가 붙으려 해도 붙여주지 않는다. 이것을 붙게 하기 위해서는 특별한 처리가 필요하다.

접착은 플라스틱 제품의 수작업의 원점

요점
BOX
- 접착에는 접착성이 중요
- 폴리에틸렌, 폴리프로필렌 등은 잘 접착되지 않는다.

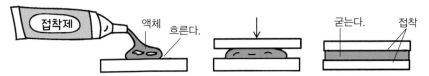

접착이론

액체 흐른다.

굳는다. 접착

(주) 접착제의 두께는 과장되게 묘사하였음

접착제가 효과를 내기 위해서

나쁨 ← 접착성 → 좋음

테프론 처리된 프라이팬
위의 물은 떨어져서
대굴대굴 굴러다닌다.

52 접착제

접착제에는 여러 가지 종류가 있다. 옛날에는 쌀밥을 으깨서 종이에 발라서 붙였다. 붙인 뒤에는 으깬 밥풀의 수분이 증발해서 굳어지면 접착제의 역할을 한 것이다. 그다지 강한 접착력은 아니었다.

접착제에도 풀과 같이 하나의 액체로 된 것과 두 개의 액체를 혼합해서 사용하는 것이 있다. 두 개의 액체는 에폭시나 불포화폴리에스테르 등이 있다. 이것들은 열경화성 플라스틱이다. 수지가 반응해서 고분자로 되어서 붙는 성질을 이용한 것이다. 순간접착제 중에는 공기중의 수분과 화학반응해서 접착제의 역할을 하는 것도 있지만, 이것도 화학반응으로 분자가 붙어있는 것이다.

폴리에틸렌과 폴리프로필렌은 표면이 전기적으로 매끈매끈하다고 말했다. 이것은 전기적으로 편심이 없다는 것을 의미한다. 그러한 것은 상대(접착제)를 끌어당길 수 없기 때문에 접착은 상당히 어렵다. 그러나 현실에서는 폴리프로필렌의 접착제도 시판되고 있다. 이것은 접착제를 바르기 전에 폴리프로필렌의 표면을 한번 처리해서 대책을 만들어 놓은 것이다.

액체를 사용하는 경우, 실제로는 폴리프로필렌에 포함된 다른 물질의 처리를 한 것이다. 그 외에는 표면에 전기적인 편심을 갖게 하는 상태에서 접착제를 발라서 접착한다. 이것을 표면활성화라고 말한다. 아무런 반응을 하지 않는 상태에서 반응하는 상태로 만드는 것이다.

활성화시키기 위해서는 표면에 강한 에너지를 부여하는 방법도 있다. 표면을 강한 불로 가열(화염처리)하거나, 플라즈마 처리하는 방법이 있다. 화염처리라고 해도 본체를 녹여버린다는 의미가 아니기 때문에 표면에만 상당히 강한 불을 단시간에 닿게 해서 표면의 분자에 전자를 부여해서 대전(帶電)시킨다. 자동차 부품의 도장도 접착과 같은 원리이기 때문에 이들의 방법이 사용된다.

접착되는 상대의 성질이 매우 중요하다

요점 BOX
- 상대방과 접착되게 하기 위하여 표면처리한다.
- 폴리에틸렌, 폴리프로필렌의 표면처리

접착제의 종류와 접착방법

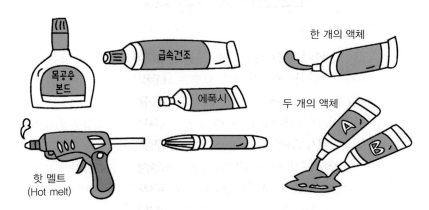

목공용 본드

급속건조

에폭시

핫 멜트
(Hot melt)

한 개의 액체

두 개의 액체

A

B

폴리에틸렌, 폴리프로필렌의 표면처리방법의 여러 가지

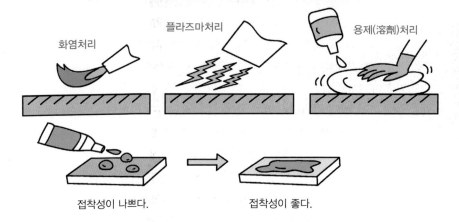

화염처리

플라즈마처리

용제(溶劑)처리

접착성이 나쁘다.

접착성이 좋다.

접착제의 일반적인 처리

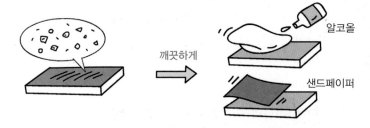

깨끗하게

알코올

샌드페이퍼

53 기계적인 용착

플라스틱의 간단한 용착방법으로는 금속의 용접과 같이 용접봉을 사용한 용접을 생각할 수 있다. 납땜은 납땜인두로 녹여서 전선을 전선회로에 붙이는 것과 같다. 실제로 이것과 같이 플라스틱의 봉을 용접봉처럼 녹여서 용접하는 방법도 있다. 이 경우에 용접봉과 플라스틱의 접착에서 상대방의 물성을 알고 있어야 한다.

핫 멜트(Hot melt)라고 해서 폴리에틸렌 등의 플라스틱을 녹여서 물총 모양으로 된 것의 긴 분출구를 통해서 붙이는 방법도 있다. 플라스틱끼리 붙이려고 하는 곳을 녹여서 붙이는 방법도 있지만, 이것은 녹이지 않으면 안 되므로 열가소성 플라스틱에만 적용 가능하다.

녹이는 방법으로는 열풍을 표면에 불어서 녹이는 방법(열풍용착)이나 뜨겁게 가열한 열판을 플라스틱 표면에 접근시켜서(비접촉) 가열하거나, 직접 접촉시켜서 녹이는 열판용착도 있다. 또는 석기시대에 나무를 비벼서 불을 일으키는 방법처럼 마찰발열로 용착하는 방법도 있다.

이 마찰발열에서 불을 일으킬 때에는 될 수 있는 한 빠르게 움직일 필요가 있다. 그렇게 하기 위해서 나무 막대에 실을 감아서 회전시키는 것을 본 적이 있을 것이다. 이와 같이 회전시키는 대신에 좌우로 진동시키는 방법을 사용한다. 용착하려고 하는 플라스틱끼리 접촉시켜 압착하고 이것에 진동을 가한다. 그 진동이 기계적으로 두 플라스틱에 상호 마찰로 발열해서 그 발열로 플라스틱을 녹여서 붙인다.

기계적으로 진동하기 때문에 진동음이 발생한다. 그 진동의 방향에는 좌우로 진동하는 경우와 회전방향으로 진동해서 컵 모양의 것을 붙이는 경우도 있다. 자동차의 인판넬 내측의 에어탱크나 에어백 등을 인판넬과 용착하는 데 이용한다.

열을 가하거나 마찰발열을 이용

요점 BOX
- 원시적인 용착방법
- 자동차 부품의 용착에도 많이 사용

열판용착

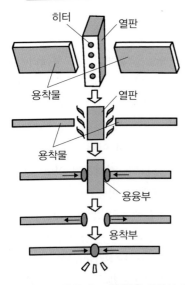

히터, **열판**, **용착물**, **열판**, **용착물**, **용융부**, **용착부**

가열한 열판에 용착하는 대상물을 접촉시켜서 부분적으로 용융시킨 후에 대상물끼리 접촉시켜 압착시키는 용착방법. 열판에 접촉시키지 않는 비접촉 방법도 있다.

열풍용착

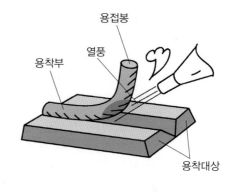

용접봉, **열풍**, **용착부**, **용착대상**

노즐에서 열풍을 불어서 용접봉을 녹여서 용착하는 방법. 용접봉을 사용하지 않고 열판용착의 비접촉식처럼 사용하는 방법도 있다.

진동용착기

전자코일, **스프링**, **고정판**, **용착지그**, **누름판용 실린더**

120Hz, 240Hz의 좌우진동을 주어서 마찰열로 제품 표면을 용융시켜서 압착시키는 용착방법. 진폭은 0.5mm 정도에서 수 mm 정도

스핀용착

제품의 면과 면을 맞추어 누르면서 회전시켜 접촉면의 마찰열로 용융되어 용착하는 방법

54 기타 용착방법

열판용착은 열에너지이고, 진동용착도 진동에너지를 열에너지로 변환하고 있으므로 에너지를 사용해서 용착하고 있는 것은 틀림없지만, 이들의 기계적 에너지와는 조금 다른 용착으로 분류한다.

먼저 초음파용착이다. 초음파라고 하는 것은 이전에는 인간의 귀에 들리지 않는 고주파 음으로 정의된 적이 있었지만, 현재는 인간이 듣는 것을 목적으로 하지 않는 음파로서 정의하고 있다. 진동용착은 진동을, 초음파용착도 초음파의 진동을 이용한다. 진동용착과 다른 점은 진동의 주파수가 전혀 다르고 진동의 방향이 마찰을 일으키는 방향이 아니고, 플라스틱 자체에 에너지를 발생시키기 때문에 종방향이다. 플라스틱과 접하는 끝 부분에서는 혼(Horn)이라고 하는 초음파를 대상물에 집중시키는 도구가 붙어 있다. 이것으로 플라스틱 자체를 발열시킨다. 중저음의 발생과 함께 상대물체를 발열시켜서 보스 등의 끝단 부분을 용착한다. 플라스틱을 나사로 고정하는 대신에 보스를 녹여서 삽입고정하는 등의 방법으로도 사용한다. 같은 진동을 사용하는 방법으로 고주파용착이라고 하는 방법도 있다. 이것은 전기적으로 양극과 음극을 번갈아 교체하면서 진동을 일으키는 방법이다. 플라스틱 중에는 분자 레벨에서 전기적으로 양극과 음극으로 나누어진 것도 있다. 이것에 외부에서 전기적으로 높은 주파수를 걸면 내부의 분자가 진동해서 내부에 마찰발열을 일으킨다. 이 내부 발열로 플라스틱을 용융시켜서 용착하는 방법이다. 이 고주파용착에서 사용되는 플라스틱은 현재 염화비닐뿐이다. 이 용착방법을 사용하면 비치볼, 물놀이 튜브, 튜브식 풀장 등을 간단히 만들 수 있기 때문에 이것들은 대부분 염화비닐제품이다. 기타 방법으로는 레이저를 흡수하는 플라스틱을 레이저로 녹여서 용착하는 방법도 있다.

재료 자체의 발열을 이용하는 방법

요점 BOX
- 재료 자체를 내부에서 발열시키는 용착방법
- 초음파, 레이저, 고주파 가열

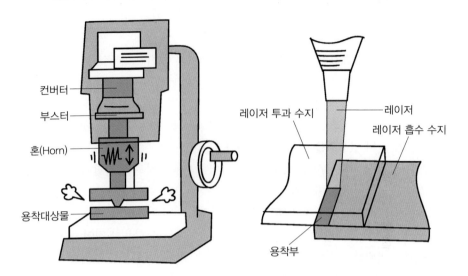

초음파용착기

- 컨버터
- 부스터
- 혼(Horn)
- 용착대상물

레이저용착

- 레이저 투과 수지
- 레이저
- 레이저 흡수 수지
- 용착부

초음파 20KHz에서 40KHz의 초음파진동을 컨버터, 부스터, 혼을 통과해서 진폭을 증가시키고 용착 대상물의 접촉부를 용융시켜서 용착한다. 단시간에 용착 가능. 진동방향은 상하

레이저광은 레이저의 투과수지를 관통해서 레이저 흡수수지를 용융시켜서 두 수지를 용착하는 방법

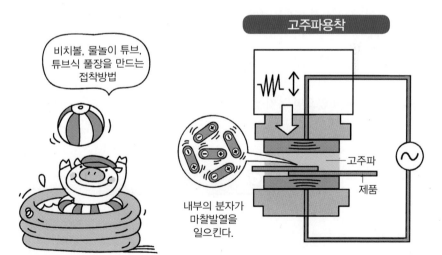

비치볼, 물놀이 튜브, 튜브식 풀장을 만드는 접착방법

고주파용착

내부의 분자가 마찰발열을 일으킨다.

- 고주파
- 제품

여름의 물놀이 튜브나 보트 등은 염화 비닐을 고주파용착으로 만든 것이다.

외부에서 전계(電界)를 고주파로 교체시켜서 분극(分極)한 재료를 발열시켜서 용착하는 방법. PVC(염화비닐)는 용착에 주류로 사용된다.

133

접착과 용착은 분자차원으로 생각한다.

일상에서 아무런 생각없이 풀이나 접착제를 사용하고 있지만, 물건을 붙인다는 것은 실제로 어려운 것이다. 떨어지는 메모용지, 스테이플러(Stapler)의 핀처럼 간단하게 뗄 수 있는 '약하게 붙임'을 요구하는 것도 있지만, 정말로 붙게 하는 것은 분자차원까지 생각할 필요가 있다. 분자차원이라고 해도 여러 가지의 것이 있지만, 접착은 분자 간의 인장력을 이용하는 것이다.

접착부를 크게 확대해서 분자차원으로 확대하면 분자차원의 결합이 아니면 확실하고 강한 접착이라 할 수 없다.

여러분도 플라스틱 제품에서 깨진 것을 접착제로 수리하려고 한 적이 있었을 것이다. 특히 저렴한 제품은 폴리에틸렌이나 폴리프로필렌을 사용한 것이 많지만, 이것들은 깨진 상태를 그대로 접착해도 붙지 않는다. 폴리프로필렌을 접착할 수 있는 접착제를 발명하면 노벨상을 받을 수 있다고 말하는 사람이 있을 정도이다. 지금은 폴리프로필렌의 접착도 전용의 두 액체로 된 접착제가 시판되고 있지만, 이것을 사용해도 강하게 붙지 않아서 불안해 하는 사람도 있을 것이다. 이것도 분자차원의 이유이다.

눈에 보이지 않는 분자라서 주변에서 느낄 수 없을 지도 모르지만, 주변에서 활약하고 있다.

접착에도 여러 가지 방법이 있고 접착에 의해서 무엇이든 붙일 수 있을 것 같지만 그렇지도 않다. 예를 들면, 폴리에틸렌은 150℃ 정도에서 녹지만, 66나일론은 270℃ 정도가 되지 않으면 녹지 않는다. 온도의 조절도 필요하지만, 재료끼리의 유사성도 절대적 조건이다. 물건을 붙이는 것도 여러 가지로 깊은 원리가 있는 것이다.

제 8 장

플라스틱의
도장, 인쇄, 도금 등

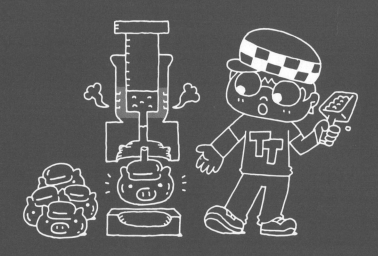

55 플라스틱의 도장과 인쇄

기계, 자동차, 가전제품, 퍼스널 컴퓨터 등의 내부에 사용되는 플라스틱은 사람의 눈에 띄지 않기 때문에 보기 좋은 디자인이나 색 등에 그다지 신경을 쓰지 않는다. 그러나 사람의 눈에 잘 띄는 위치나 스위치 등처럼 표시나 문자가 필요한 것은 디자인이 중요하여 색이나 모양, 문자 등의 표면처리에도 여러 가지가 있다.

이것의 하나가 도장이다. 접착의 절에서 일부 설명하였지만, 도장하기 위해서는 도료가 플라스틱 성형품 표면에 접착되지 않으면 금방 떨어진다. 접착에서와 같이, 접착에 문제가 없는 플라스틱의 도장은 그렇게 어려운 것은 아니지만, 폴리에틸렌이나 폴리프로필렌의 도장은 접착과 같이 표면을 활성화 할 필요가 있다. 표면 활성화는 프라이머(Primer)라고 하는 사전처리액으로 표면을 활성화하기도 하고, 화염처리나 플라즈마처리 등으로 활성화한 후에 도료를 도포한다.

기타 표면처리로는 인쇄나 도금이 있다. 인쇄는 크게 나누어 양각(凸)판인쇄, 음각(凹)판인쇄, 공판(孔版)인쇄, 평판인쇄가 있다. 양각(凸)판인쇄는 양각판에 잉크를 발라서 그것을 상대물 표면에 인쇄를 하는 방법이다. 음각(凹)판인쇄는 양각(凸)의 부분이 아닌 반대의 부분(凹)에 잉크를 바르고 상대물 표면에 인쇄하는 방법으로 잉크의 두께를 조절할 수 있어서 질량감이 있다. 그라비아(Gravure)모델이라는 말을 들어 본 적이 있을 것이다. 사진잡지에 실리는 모델들을 지칭하는 것이다. 이것도 그라비아인쇄에서 온 말이다. 이것은 음각판인쇄의 일종이다. 플라스틱시트에 인쇄로 사용되는 것도 있지만, 입체적인 성형품에 그라비아인쇄가 사용되는 것은 일반적으로 없다. 공판인쇄는 메시(Mesh) 등의 구멍(망)을 통해서 잉크를 대상물에 인쇄하는 방법이다. 평판인쇄는 직접 대상물 표면에 잉크를 바르는 것이 아니고, 일단 잉크를 튀게 하는 판이나 롤러 등에 잉크를 바른 후에 대상물 표면에 전사인쇄하는 것으로 오프셋인쇄라고도 한다.

요점 BOX
- 스크린인쇄는 공판인쇄
- 패드인쇄는 오프셋인쇄

플라스틱의 표면처리에도 여러 가지 종류가 있다

스크린인쇄 (공판인쇄)

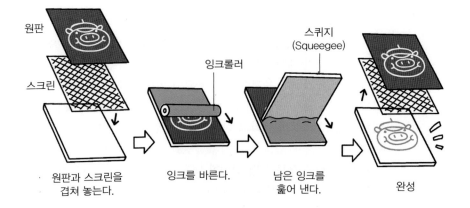

원판

스크린

잉크롤러

스퀴지
(Squeegee)

원판과 스크린을
겹쳐 놓는다.

잉크를 바른다.

남은 잉크를
훑어 낸다.

완성

패드인쇄 (오프셋인쇄)

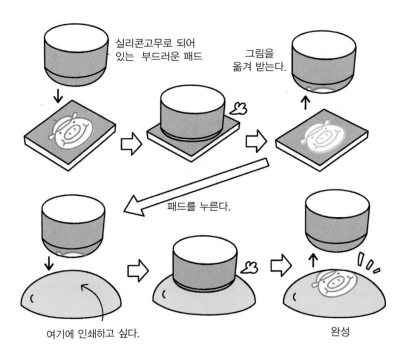

실리콘고무로 되어
있는 부드러운 패드

그림을
옮겨 받는다.

패드를 누른다.

여기에 인쇄하고 싶다.

완성

56 플라스틱 제품에 인쇄

지금은 연하장도 퍼스널컴퓨터로 제작하는 시대가 되었지만, 옛날에는 작은 눈금이 새겨진 시트에 잉크가 통과하는 부분만 구멍을 뚫어서 인쇄하는 기구가 유행했었다. 구멍이 뚫린 부분은 잉크가 통과되고 안 뚫린 곳은 통과되지 않는다. 스크린의 역할을 하기 때문에 이 인쇄방식을 스크린인쇄라고 한다. 이것은 앞에서 설명한 공판인쇄가 된다.

한편, 롤러 등으로 일단 인쇄한 내용을 전사해서 그 뒤에 인쇄하고 싶은 대상에 다시 전사해서 인쇄하는 방법이 평판인쇄이다. 플라스틱 형상은 복잡한 모양이 많기 때문에 평판이 아닌, 실리콘고무 등으로 되어 있는 부드러운 패드로 일단 전사해서 그것을 플라스틱에 다시 전사하는 방법의 오프셋인쇄이다. 패드를 사용하므로 패드인쇄라고도 한다. 패드인쇄를 담보인쇄라고 부르는 경우가 있는데, 담보란 패드인쇄기의 회사 이름이다. 이 두 가지는 55절에서 소개하였다.

시트에 그려져 있는 문장이나 그림을 다리미로 티셔츠에 전사해서 그림이 있는 티셔츠를 만드는 방법이 있다. 이와 같은 것으로 필름에 그림이나 문장을 붙여서 이것을 인쇄하고 싶은 플라스틱에 눌러 붙인다. 그리고 필름의 뒤에서 열판 등으로 열을 가해서 티셔츠와 같이 그림을 전사하는 것이 열전사이다.

플라스틱의 표면은 항상 평탄할 수는 없고 디자인에 따라서 곡면의 경우도 있으므로 이 곡면형상에 정확하게 맞는 모양으로 눌러 붙일 필요가 있다. 색이 들어 있는 필름에 문자나 그림을 새겨 넣은 판을 가열해서 그 필름을 사이에 넣고 플라스틱면에 눌러 붙이는 인쇄방법도 열전사의 한 종류이지만, 이것은 핫스탬핑이라 한다.

138

입체형상의 플라스틱에 인쇄하는 방법

요점 BOX
- 3D의 핫스탬핑, 열전사
- 실크인쇄, 패드인쇄도 많이 사용한다.

인쇄방법의 여러 가지

핫스탬핑

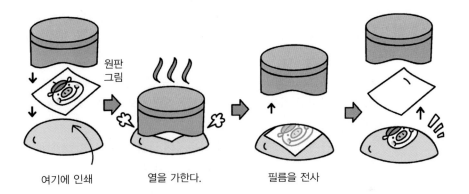

원판
그림

여기에 인쇄   열을 가한다.   필름을 전사

열전사

열전사용 필름

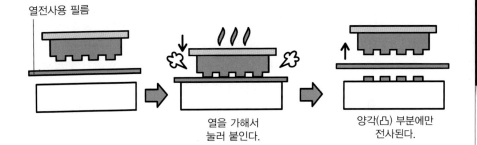

열을 가해서
눌러 붙인다.

양각(凸) 부분에만
전사된다.

열전사용 필름

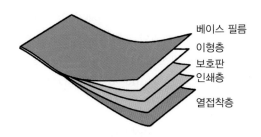

베이스 필름
이형층
보호판
인쇄층
열접착층

57 특별한 플라스틱의 표면인쇄

복잡한 형상이 아니면 인쇄할 플라스틱 시트를 사출성형의 금형 안에 넣고(인서트/Insert) 성형하면 표면에 인쇄되어진 시트와 함께 일체가 되어 인쇄된 제품을 만들 수 있다. 또는 필름에 인쇄된 그림을 제품에 전사해서 꺼낸 뒤에 필름을 벗기면 인쇄부분만이 제품에 남는다. 이 방법은 녹아서 뜨거운 플라스틱 자체를 열전사의 도구로써 사용하는 방법이다.

입체적인 형상의 제품표면의 경우에는 금형 안에서 그 제품의 형상에 맞도록 시트나 필름을 사전에 진공성형 등으로 제품형상에 만들어 놓으면 어느 정도의 3차원 형상의 인쇄도 가능하다. 그러나 복잡한 표면형상을 하고 있는 제품에서는 한계가 있다. 파도 물결처럼 복잡한 형상의 플라스틱 표면에 하나 하나의 그림이나 도형을 수작업으로 그리는 것은 가능하지만, 수량을 많이 만드는 양산에서는 할 수 없다. 이처럼 복잡한 3차원적인 형상의 표면에 인쇄하는 것은 매우 어려운 것으로 생각된다. 이것을 실현한 것이 수압전사(水壓轉寫)라고 하는 방법이다. 물침대는 풍선같은 것에 물이 들어 있어서 체형에 맞게 맞추어진다. 물은 자유롭게 변형을 하기 때문에 이것을 응용한 것이다.

인쇄된 것을 물에 넣어서 인쇄되어진 부분만을 물 위에 띄운다. 그리고 시트를 제거하면 물 위에는 인쇄된 도형만 떠 있는 상태가 된다. 거기에 3차원적인 복잡한 표면형상의 인쇄할 면을 물 위에서 눌러 붙인다. 그렇게 하면 앞에 인쇄되어진 도형이 제품의 인쇄하고자 하는 면에 맞추어져 부착된다. 전체가 인쇄되도록 잉크가 붙으면 꺼낸다. 이렇게 하면 제품의 표면에는 깨끗하게 인쇄가 되기 때문에 이것을 건조시키면 완성된다. 자동차의 내장부품에서 나무무늬의 부분이 이 방법을 사용한 것이다. 이 수압전사는 칼 피셔법(Karl-Fischer method)방식이라고도 한다.

요점 BOX
- 성형할 때에 전사하는 금형 내 인쇄
- 복잡한 3D형상에 수압전사

복잡한 입체형상의 인쇄 등

금형 내 전사

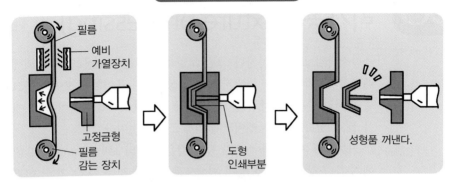

필름
예비 가열장치
고정금형
필름 감는 장치
도형 인쇄부분
성형품 꺼낸다.

문자 가공을 위한 인서트성형

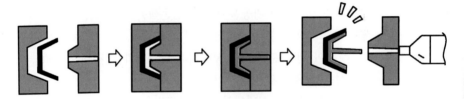

수압전사

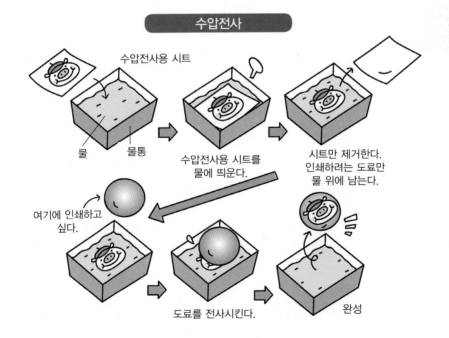

수압전사용 시트
물
물통
수압전사용 시트를 물에 띄운다.
시트만 제거한다. 인쇄하려는 도료만 물 위에 남는다.
여기에 인쇄하고 싶다.
도료를 전사시킨다.
완성

58 문자가공, 털 이식(植毛), 질감처리가공(Texture processing)

플라스틱의 표면에 문자나 그림 모양을 새기는 방법은 인쇄 이외에 레이저가공법이 있다. 관광지 토산품 상점에서 유리처럼 보이는 아크릴 덩어리에 곤충이나 식물 등이 안에 입체적으로 조각되어 있는 것을 볼 수 있다. 이것은 레이저에 의해 조각된 것이다.

키보드나 자동차의 스위치 등에 검은색 등의 보턴(Button) 가운데에 숫자나 알파벳, 기호 등이 흰색으로 쓰여진 것을 볼 수 있다. 이것은 18절에서 설명한 '사출성형의 2색성형'의 방법으로 만들어진 것도 있지만, '레이저 에칭(Laser etching)'이라고 하는 방법으로 만든 것도 있다. 하얀 플라스틱 가공품의 위에 검은색을 얇게 도장해서 숫자나 문자, 기호 등의 부분의 도장을 레이저로 깎아 낸다. 이렇게 하면 레이저로 깎아 낸 부분에는 밑 부분의 플라스틱의 색이 나오기 때문에 2중성형을 한 것과 같은 제품이 된다.

여러분은 자동차 실내에서 짧고 부드러운 실과 같은 것이 표면에 붙어 있는 제품을 본 적이 있을 것이다. 이것은 가공한 플라스틱 제품의 표면에 접착제를 바르고 짧은 나일론계 털을 이 위에 붙어서 붙이고 도포하는 '털이식' 가공방법이다. 이때 정전기를 사용해서 털을 제품표면에서 세우는 것도 가능하다. 정전기를 사용했는지 아닌지는 이식한 털이 고르게 서 있는지, 불균일한 지를 보면 알 수 있다. 가지런히 서 있으면 그것은 정전기를 사용해서 털을 이식한 것이다.

플라스틱에 과일 배의 표면 모양이나 머리카락 물결 모양이나 가죽모양에 가죽의 질감이 느껴지는 것도 있다. 이것은 표면 디자인만이 아니고 반사광에 의해서 눈부시게 되는 것을 막기 위함도 있다. 과일 배의 표면 모양은 샌드 블라스트(Sand blast)로 가공되는 것도 있지만, 보통은 금형의 표면에 부식을 사용한 에칭(Etching)이라고 하는 방식으로 모양을 만들고 있다.

플라스틱 제품의 표면에 부가가치를 높이는 방법

> **요점 BOX**
> • 표면에 도포하는 털 이식가공
> • 표면에 모양을 내는 질감가공
> • 레이저를 이용한 2색성형품

기타 플라스틱 표면처리방법

가죽모양의 질감처리가공

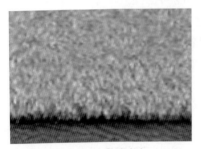

털 이식의 확대사진

과일 배 모양의 부식

레이저 에칭

레이저광

레이저로
그려진 부분

도장부분

플라스틱

59 플라스틱의 도금

금도금이나 은도금은 내부까지 진짜의 금이나 은이 아니고, 더 저렴하게 금속표면에 금과 은으로 도금한 것이다. 도금의 영어 표기는 플레이팅(Plating)이다. 도금은 금과 은만이 아니라 동, 니켈, 크롬도 있다. 동도금은 전기회로 등을 만들 때에도 사용한다. 크롬도금과 니켈도금은 철의 표면에 도금해서 표면을 강하게 하거나 부식을 방지하기 위해서 사용한다. 실제로 철원소 성분에 탄소 등 여러 가지 원소를 혼합해서 만들어진 것을 강이라고 한다.

도금은 기본적으로 전기를 이용하는 것이므로 전기를 통하는 금속에만 도금이 가능한 것으로 생각하지만, 같은 원리로 전자(電子)를 이용하는 무전해도금(無電解鍍金)이 있다. 이것은 표면에 특수한 처리를 해서 도장과 같은 효과를 갖게 하는 것이다. 이 방법에 의해서 플라스틱에도 도금이 가능하다. 다만 문제는 표면에 도금이 되어도 플라스틱은 표면이 매끈매끈해서 도금이 잘 벗겨진다는 것이다. 이 도금을 플라스틱에 고정시키기 위해서 플라스틱 표면에 미세한 구멍을 만들어서 이 구멍으로 고정되게 한다. 구체적인 방법으로는 플라스틱에 포함되어 있는 물질만을 녹여내는 것이 가능하다면 할 수 있다. 이러한 조건에 적합한 것이 ABS(Acrylonitrile Butadiene Styrene)수지이다. 이 ABS에서 부타디엔고무만을 에칭(Etching)이라고 하는 방법으로 표면에서 녹여서 빼내고 입자가 빠진 구멍을 만든다. 이 구멍에 고정하는 효과를 만드는 것이다. 최근에는 ABS와 다른 플라스틱의 혼합이나 폴리프로필렌 등에도 도금이 가능하게 되었다. 자동차나 가전제품 등 다양한 부품에 이러한 모양내기 방법을 많이 적용하고 있다. 또한 금속을 진공중에서 증발시켜서 플라스틱 표면에 부착시키는 방법도 있다.

방법 | 플라스틱을 금속처럼 보이게 하는

요점 BOX
- 금속처럼 보이는 플라스틱의 도금
- 플라스틱 표면에서 입자를 녹여서 빼내고 이 입자 구멍으로 고정

144

플라스틱의 도금

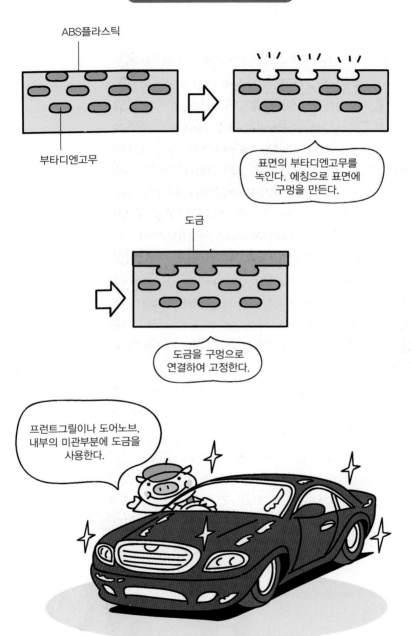

ABS플라스틱

부타디엔고무

표면의 부타디엔고무를
녹인다. 에칭으로 표면에
구멍을 만든다.

도금

도금을 구멍으로
연결하여 고정한다.

프런트그릴이나 도어노브,
내부의 미관부분에 도금을
사용한다.

플라스틱 표면처리의 의미

하룻밤 지나서 배우게 된 것, 좀 기대어서 알게 된 것, 안다고 고개를 끄덕이는 것을, 담금질 된 칼과 같다고 한다. 잠정적(暫定的)인 지식(확신되지 않은 지식)은 진정한 도움을 주지 못 하는 지식이다. 이것의 의미를 연장하면, 원래는 틀린데, 자신은 틀리지 않다고 생각하고 결과적으로 겉치레나 사기까지 되어 버리기도 하면, 도금이 벗겨졌다고 말한다. 순금이 아니고 도금제품에서 생겨난 말이다.

도금만에만 한정되는 것이 아니고, 접착이나 도장도 같은 것으로 말할 수 있을 것이다. 반대로 말하면 플라스틱이라고 해도 떨어지지 않게 도금이나 도장을 잘 하면 진짜처럼 보인다.

물건 만들기는 합리적, 경제적인 것만 있는 것이 아니다. 인간은 미술이나 음악처럼 보기도 하고 듣기도 하면서 아름다운 것에 만족을 갖게 된다. 인간의 행복도를 수치로 나타내는 것을 시험삼아 하고 있지만, 사람은 겉보기에 좋은 것에도 가치를 부여한다. 이렇게 겉보기 좋은 것에 높은 가치를 주면서, 유감스럽게도 우리들은 진정한 것에 가치를 주지 않는다. 그렇기 때문에 당연히 진짜가 아니어도 진짜에 가까운 미를 추구해서 그것을 위한 여러 가지 방법을 고안한다. 간단히 떨어지지 않는 도장이나 도금, 접착 등이 그것이다. 예를 들면 예쁜 사람, 모양 좋은 사람이 좋아...라고 말하기 전에, 예쁜 사람, 모양 좋은 사람이란 무엇인가? 왜 그렇게 느끼는 것일까?... 등과 같이 현대의 뇌과학이 도전하고 있는 것과 같다.

이미 오래전의 것이지만, 남녀동등 권리운동이 활발할 때에 왜 여성만 화장을 하는 것인가?라고 반발하는 목소리도 있었다. 그러나 지금은 남성용 화장품도 당연한 것이고 치장도 중요하다.

단순히 기능적인 것과 효율성만을 요구하는 것이 아니다. 보기에도 좋고 감촉 등의 5감을 만족시키기 위해서 기술도 요구되고 있는 것이다.

146

제 9 장

플라스틱성형 제품의 재활용

60 썩지 않는 플라스틱

플라스틱은 강하다, 가볍다, 녹이 슬지 않는다, 썩지 않는다 등의 여러 가지 장점이 있다. 그러나 썩지 않으면 자연계에서는 문제가 된다.

나무에서 떨어지는 잎이나 봄에 피는 벚꽃은 매년 떨어지고 쌓여도, 그 사이에 썩어서 자연으로 되돌아간다. 썩으므로 매립해도 문제가 되지 않고, 지금까지 자연 상태에서 반복되어 왔다. 그러나 플라스틱은 매립해도 썩지 않고 계속 남아 있다. 이것이 문제이다. 성형된 제품이 사용한 후에 처리는 어떻게 되는 것일까?

세탁물을 말릴 때 사용하는 집게 등은 사용하는 사이에 부스러져서 썩은 것처럼 보여진다. 그러나 이것은 플라스틱의 긴 고분자가 자외선에 의해서 절단되어서 부스러진 것으로 썩은 것이 아니다. 박테리아에 의해서 분해되고 썩게 되면 자연으로 되돌아가지만, 박테리아도 먹어 주지 않는다. 박테리아가 먹지 않기 때문에 썩지 않는 특징이 있는 것이다. 실제로 박테리아가 고분자의 일부를 먹어서 분해가능한 플라스틱도 개발되어 있다. 이것에 대해서는 다시 설명한다.

썩지 않는다면 태워버리면 좋을 것으로 생각되지만, 태우는 데도 문제가 있다. 플라스틱은 원래 석유에서 만들어졌기 때문에 태우면 너무 잘 탄다. 너무 잘 타게 되면, 쓰레기 소각장의 소각로 온도가 너무 놓아져서 소각로가 망가진다. 또한 온도가 높으면 한때 문제가 되었던 다이옥신의 발생에도 관련이 있다. 따라서 간단히 태운다라고 할 수도 없다. 소각장치의 조건 등도 고려하지 않으면 안 되는 까다로운 문제가 있다. 환경을 위해서 사용하는 시기는 끝났고, 이미 사용해서는 안 되는 것이 되었으므로 '그럼, 안녕'이라고 간단히 말할 수 있을까? 궁금하다.

플라스틱은 녹슬지 않고, 썩지 않는 것이 장점

요점 BOX
- 오래 사용할 수 있도록 만들어진 플라스틱
- 가치관이 변하는 것은 시대의 흐름
- 자연파괴에 대한 인식

61 플라스틱의 폐기처리

플라스틱에 한정된 것이 아니고, 폐기물을 마구 버리면 쓰레기 처리 장도 없어지고, 우리들의 생활환경도 파괴되어 버린다. 이 문제에 대해서 활동하는 3개의 R이 있다. 그것은 쓰레기를 줄이자(Reduce), 반복해서 사용하자(Reuse), 자원으로 재활용하자(Recycle)라는 활동이다. 우선 줄이고, 재사용하고, 그래도 남으면 어떠한 방법으로든 회수하자는 것이다.

플라스틱은 쓰레기로 썩지 않는 문제가 있기 때문에 이 3R활동은 중요하다. 거기에 플라스틱의 3R로서 어떠한 것이 되어 있는지 몇 개의 사례를 살펴보기로 하자.

줄이자(Reduce)는 것에 대해서는 마트 등에서 사용하고 있는 봉투를 유료화하는 것으로 줄이자고 하는 활동이다. 국내외에서는 이미 편의점에서 유료화하고 있다. 컵라면 등의 컵도 플라스틱이 아니라 종이로 만들고 있다. 또한 최근에는 음료수의 PET병의 두께를 얇게 만들고, 마신 뒤에는 손으로 찌그러서 작게 해서 버릴 수 있게 한 것도 있다. 이렇게 얇게 해서 사용하는 플라스틱의 양을 줄이는 것이다.

반복해서 사용하자(Reuse)는 것에 대해서는 유리병 등처럼 씻어서 다시 사용할 수 있는 것은 반복해서 사용하지만, 페트병 등은 실제로 용이하지 않다. 왜냐하면 상처 없이 회수하는 것이 어렵고 체적이 큰 운반비용 등 비경제적인 것이 많다. 그러나 플라스틱을 컨테이너의 접기식처럼 해서 운반에도 용이하고 세척하여 다시 사용할 수 있게 한 것도 있다.

자원으로 재활용하자(Recycle)는 것에 대해서는 재료적 재활용(Material recycle), 화학적 재활용(Chemical recycle), 열적 재활용(Thermal recycle)이 있는데 이것은 후에 설명한다.

썩지 않는 것을 발명한 대가

요점 BOX
• 쓰레기는 만들지 않고, 다시 사용하고, 재활용
• 줄이자, 반복사용하자, 재활용하자의 3R

RRR

Reduce   Reuse   Recycle

3R추진협회에서는 리사이클 회사의 구축을 목표로 3R을 추진하고 있다.

중국에서도 재활용 가능한 것(可回收物)은 분별해서 회수하고 있다.

쓰레기를 줄이자의 예

이것은 어느 회사의 해외 (태국)에서의 음료수 페트 병의 예이다. 이와 같이 한국, 일본, 중국도 같이 하고 있다.

62 3가지의 재활용

플라스틱에 대해서 3R 중의 2R 즉 쓰레기를 줄이자(Reduce), 반복해서 사용하자(Reuse)는 앞에서 설명했다. 여기서는 남은 재활용(Recycle)에 대해서 소개한다.

플라스틱의 재활용 방법은 재료적 재활용(Material recycle), 화학적 재활용(Chemical recycle), 태워서 에너지로 재활용(Thermal recycle)의 3개로 분류된다. 재료적 재활용은 본래의 재료를 재사용하자는 것이다. 화학적 재활용은 그래도 재활용이 안 된다면 화학적으로 분해해서 다른 물질로 변화시켜서 사용하자는 것이다. 그렇게 하고도 사용할 수 없는 것은 태워서 에너지로 재활용(Thermal recycle)하자는 것이다.

재료적 재활용은 사출성형할 때에 나오는 런너 등의 제품이 아닌 부분을 분쇄해서 재사용하는 것이다. 이것은 기본적인 것이다. 여러 가지 폐플라스틱을 섞으면 잘 섞이지 않고 분리되기도 해서 사용할 수 없게 된다. 그렇기 때문에 어느 정도는 물성이 비슷한 것끼리 모아서 사용할 필요가 있지만, 그것은 본래의 플라스틱 성능에서 떨어지기 때문에 성능이나 외관을 중요시하는 것에는 사용할 수 없다. 그래서 화분 등의 원예물품이나 벤치 등에 사용한다. 페트병이나 발포스티로폼용기 등은 마트에서도 회수하고 있다. 이것들은 재료가 같기 때문에 세척하고 분쇄해서 다시 재료로 회수된다.

화학적 재활용은 플라스틱 자체가 거의 탄소와 수소로 되어 있기 때문에 이것을 코우크스로 바꾸거나, 고분자로 되기 전의 상태로까지 되돌려서, 그로부터 재활용을 하는 것인데 상당히 어려움이 있다. 태워서 에너지로 재활용하는 방법은 최근에 소각설비도 개량되어서 태운 에너지를 지역난방이나 온수에 사용하고 발전도 해서 전기로 회수하고 있다.

152

어떻게 하면 자연에 유용하게 될 수 있을까?

요점 BOX
- 물리적인 재활용, 화학적인 재활용
- 최후에는 태워서 에너지로 활용

3가지의 재활용

재료적 재활용

여러 가지의
폐플라스틱

다른 재료가
섞이면 플라스틱의
성능저하

성능이나 외관을
요구하지 않는 물건의
리사이클에 사용한다.

원예용품   벤치

페트병

발포용기

재료가
같으므로
세척해서 분쇄…

재료로 재활용한다.

펠렛 등

화학적 재활용

폐플라스틱

C 탄소

H 수소

분자레벨에서의
재활용이지만,
아직 연구중이다.

태워서 에너지로 재활용

열

쓰레기소각장

온수

발전

63 플라스틱의 표시

여러분도 플라스틱 제품 용기 등에 플라스틱의 기호(마크)가 새겨진 것을 보았을 것이다. 그러나 이상한 것은 'PET'는 쓰레기통 등에서도 볼 수 있는 3각형의 화살표 마크 안에 '1'의 문자 밑에 PET로 쓰여 있다. 이것은 페트병(청량음료수, 식용유, 주류)에 표시의 의무(자원이용 촉진법)가 있는 것이다. 그러나 이것 이외에는 2개의 화살표로 되어 있는 '플라'의 부근에 PP, PS 등의 재질을 쓰도록 되어 있다(용기포장 재활용법). 이것은 지정 PET병의 재활용 방법이 다른 플라스틱에 비해서 특별하기 때문이다. 특별한 이유는 재활용 방법이 기술적·경제적으로 확립되어 있는 것이다. 컵라면도 발포스티로폼타입이나 종이타입이 있다고 설명하였는데, 종이의 경우는 비스듬한 타원형으로 2개의 화살표로 되어 있고 '종이'로 표시되어 있다. 마트나 편의점에서 여러 가지 플라스틱의 표시를 보면 재미있다.

사실은 이 마크 표시는 일본의 경우이고 미국에서는 PET의 식별 마크는 PETE로 되어 있다. 또한 이 외의 플라스틱에도 PETE와 같은 방법으로 마크가 번호와 함께 표시되어 있지만, 이것은 미국에서의 규격으로 일본에서는 임의 표시로 되어 있다. 기타 국가에서는 플라스틱의 종류 표시는 다소 차이는 있지만, 기본적으로 비슷하다.

플라스틱의 재활용은 재활용을 위한 설비만이 아니고, 재활용품을 회수하는 시스템도 필요하다. 이것은 기술적인 이야기만이 아니고, 행정적인 것과 개개인의 이해도와 협력 정도 등의 영향을 받는다. 더불어서 PET병이나 컵은 PET가 아니고 PE(폴리에틸렌)가 대부분이다. 이것을 PET로 가능하다면 재활용의 이야기도 간단하지만, 뚜껑을 PET로 하면 너무 단단해서 밀봉(Seal)에 문제가 발생한다.

154

국가별 다른 재료표시

요점 BOX
• 플라스틱의 재활용도 법률
• 표시는 재활용 방법에도 영향
• 국가에 따라서 다른 표시

플라스틱제 용기 포장 식별 표시 마크(음료, 주류, 간장용의 PET병을 제외)
플라스틱제 용기 포장의 표시.
음료에서는 뚜껑이나 라벨이 대상이다.

플라스틱 마크 표시의무
2001년 4월부터 표시의무
용기포장 재활용법

PET병 식별표시마크는 자원유효이용 촉진법에 의해서 1991년 10월부터 표시의무

PET수지를 사용한 석유제품. 청량음료, 간장, 주류, 우유음료의 PET병에는 라벨부분이나 병 바닥에 마크가 붙어 있다.

병 :PE
뚜껑 :PP

라벨
병
안쪽뚜껑
바깥뚜껑

실제로 용기 등에 표기되어 있는 예이다.

64 페트병과 발포스티로폼의 재활용

페트병이나 발포스티로폼이 회수되었다고 해도 그것들을 그대로 녹여서 재생되는 것은 아니다. 예를 들면 페트는 PET재료만이 아니고, 폴리에틸렌이나 염화비닐의 것도 있고 착색된 것도 있다. 또한 오염된 것이나 뚜껑이 붙어 있는 것, 담배 꽁초가 들어 있는 것 등이 있을 것이다.

재생해서 이용하는 것에는 이물질이 있으면 물성 확보를 할 수 없을 뿐만 아니라, 물질이 분리되어 사용할 수도 없을 수 있다. 따라서 지방자치단체에서 회수된 병은 일일이 수작업으로 분리하고 압축해서 재활용업체에 보낸다. 재활용업체에서는 이것을 컨베이어에 보내서 광선별(光選別)에 의해서 염화비닐이나 색이 있는 것을 제거한다. 그리고 더 확실하게 이물질 등을 수작업으로 분별한 뒤에 분쇄기에 넣어서 조각으로 분쇄한다. 다음에 분쇄된 것을 세정하고 풍력이나 액체 등으로 비중 분리를 해서 PET조각만을 선별 취출한다. 이 분쇄된 입자는 압출기를 사용해서 펠릿(Pellet)으로 만든다. 이 펠릿은 판(Sheet), 백(Bag), 카펫(Carpet) 등의 원료로 사용된다. 본래의 페트병용 재료로 사용하는 데는 물성을 조정하지 않으면 안 되기 때문에 원재료의 재활용으로 안 되는 경우도 있다. 이 경우에는 분쇄재료를 일단 화학적 재활용으로 해서 PET가 되기 전의 상태까지 되돌려서 재이용하는 방법이 가능하다. 이것이 병에서 병으로 되는 것이다.

재활용이라고 해도 본래의 상태까지 되돌리는 것은 대단한 일이라는 것을 이해할 수 있다. 추가로 페트병의 뚜껑은 폴리에틸렌이다. 문자에는 마지막에 T가 있는 것과 없는 것의 차이지만, 물질로서는 전혀 다른 재료이므로 혼합하면 사용할 수 없다. 일본의 비영리단체(NPO)에서는 대형마트나 백화점 등에 페트병 뚜껑 회수박스를 설치하여 얻은 재활용 비용을 개발도상국의 백신접종기금으로 사용하는 활동으로 잘 알려져 있다.

> **요점 BOX**
> • 재활용되고 있는 PET
> • PET와는 다른 PE뚜껑의 재활용 운동

페트병과 발포스티로폼 용기는 일상생활의 일부

PET병의 재활용

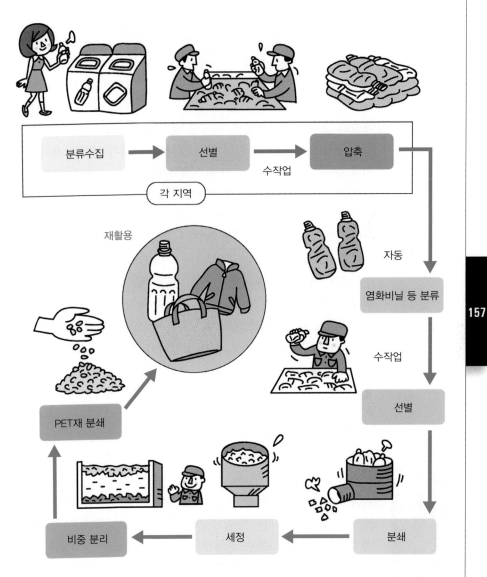

분류수집 → 선별 → 압축

수작업

각 지역

재활용

자동

염화비닐 등 분류

수작업

선별

PET재 분쇄

비중 분리 ← 세정 ← 분쇄

65 바이오 플라스틱

여러분은 바이오 연료라고 하는 말을 들어본 적이 있을 것이다. 사탕수수나 옥수수 등을 발효, 여과해서 에탄올이라고 하는 알코올을 만들고, 가솔린을 대신해서 사용하는 자동차용 대체연료이다. 석유자원의 고갈을 염려해서 생겨난 것이고, 석유가격이 상승하였기 때문에 개발된 것이다. 석유연료와 비교할 때 이산화탄소의 발생이 적다고 하는 관점에서 지구온난화의 대책으로서도 효과가 있다고 생각한다. 이와 같이 재생가능한 유기자원(有機資源)(식물은 여기에 해당)을 이용해서 만드는 것으로 바이오매스(Biomass)가 있다. 즉 앞의 바이오 연료는 바이오매스 연료를 말한다. 석유에서 만든 에탄올도 이 바이오매스 연료의 에탄올도 화학적으로는 같다. 이 바이오매스의 에탄올에서 플라스틱을 만든 것이 바이오매스 플라스틱이다.

그렇기 때문에 바이오매스 플라스틱은 폐기문제보다는 지구온난화 문제대책과의 관계가 강하다고 말할 수 있다. 그럼 바이오 플라스틱과 바이오매스 플라스틱의 다른 점은 무엇일까? 사실은 바이오매스 플라스틱은 바이오 플라스틱에 포함되어 있고, 바이오 플라스틱은 또 하나의 다른 의미의 것이 있다.

그것은 사용 후에 방치하면 박테리아 등에 의해서 생분해되어 자연으로 되돌아간다고 하는 것이다. 즉 썩는 플라스틱이다. 생분해 플라스틱 또는 크린 플라스틱으로 불려지고 있다. 자연계에 되돌아간다는 것은 플라스틱이 분해되어 작아지는 것과는 달리, 분자까지 작아져서 최종적으로는 이산화탄소와 물 등으로 되돌아가는 것이다. 이것을 만드는 방법은 생물을 이용해서 만드는 방법, 전분이나 키토산 등에서 만드는 방법, 화학적 합성방법이 있다. 사출성형이나 시트 등에서 식품용기, 쓰레기봉투, 포장시트, 완충재 등으로 사용되고 있지만, 아직 가격이 비싼 것이 문제이다.

어떻게 하면 자연에서 만들고, 어떻게 하면 자연으로 되돌릴까?

요점 BOX
- 자연에서 인공적으로 만들어지는 바이오매스 플라스틱
- 자연에 되돌리는 생분해성 플라스틱

158

바이오매스의 의미

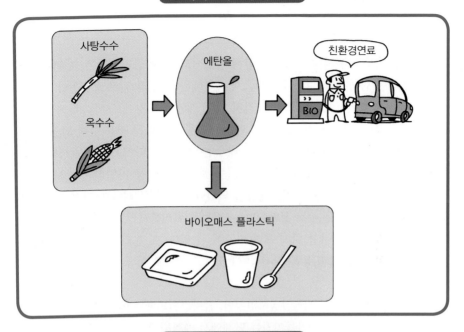

생분해성 플라스틱

플라스틱의 빛과 그늘

우리들의 생활수준은 시대의 발달과 함께 향상되고 있다. 플라스틱은 그 편리성의 향상에 일익을 담당했다. 그러나 플라스틱 제품에는 오직 한 길로 오랫동안 사용하고 버려지는 시대가 있었다. 그리고 썩지 않는 재앙으로 땅에도 바다에도 산에도 문제를 일으켜서 생태계에도 악영향을 계속해서 주고 있다는 것을 알게 되었다.

그 문제 해결의 한 가지 수단으로서 태우면 이번에는 다이옥신의 발생으로 큰 문제가 되고, 이산화탄소의 증가로 온난화를 촉진시키는 등 자연의 순환사이클을 혼돈시키는 원인으로서 지탄받는 대상이 되었다. 이것은 우리들의 자식이나 손주들의 시대까지도 영향을 주는 문제이다. 우리들은 편리함에 젖어 있고, 지금 그 처치방법을 어떻게 해 가야할 지 중요한 기로에 서 있다. 이 편리함을 변상하는 데는 거액의 비용이 든다. 이 비용을 경제적이고도 효율적으로 어떻게 해결해 갈 것인가에 대한 과제도 있다.

바이오매스에 대해서 조금 설명하였지만, 플라스틱도 석유에 의존하지 않고, 자연을 이용해서 플라스틱이 만들어지는 단계에서 폐기되고 삭감되어 가는 단계까지를 종합적으로 기술과 지방자치단체를 포함한 활동, 때로는 정치적인 판단의 필요도 하게 된다.

그러나 인간이라고 하는 것은 위대한 생물이라고 생각한다. 자신들의 장래를 잘 보고, 앞을 생각해서 행동할 수 있는 것은 인간 이외에는 없다. 이것은 대단히 훌륭한 능력이 아닐까?

그건 그렇고, 재료라고 하면 기술적으로 열가소성수지, 열경화성수지라는 말을 사용하고 싶다. 본 저서의 목적을 생각해서 일부러 수지를 플라스틱으로 바꾸어 기술하고 있다.

- 「やさしいプラスチック成形の加飾」中村次雄・大関幸威著、三光出版社、１９９８年
- 「印刷の最新知識」尾崎公治・根岸和広著、日本実業出版社、２００３年
- 「シグマベスト、解明 新化学」稲本直樹著、文英堂、１９８３年
- 「射出成形加工の不良対策第2版」横田 明著、日刊工業新聞社、２０１２年
- 「図解 プラスチック成形加工」松岡信一著、コロナ社、２００４年
- 「プラスチック添加剤活用ノート」皆川源信著、工業調査会、１９９６年
- 「熱成形技術入門」安田陽一著、日報出版、２０００年
- 「成形加工技術者のためのプラスチック物性入門」廣江章利・末吉正信著、日刊工業新聞社、１９９６年
- 「プラスチック成形加工入門」廣江章利・末吉正信著、日刊工業新聞社、１９８０年
- 「成形加工における移動現象」プラスチック成形加工学会編、シグマ出版、１９９７年
- 「プラスチックの二次加工」山口章三郎著、日刊工業新聞社、１９７３年
- 「プラスチック加工の基礎」高分子学会編、工業調査会、１９８２年
- 「プラスチックの成形加工」山口章三郎著、実教出版、１９７７年
- 「プラスチック加工技術ハンドブック」高分子学会編、日刊工業新聞社、１９９５年
- 「実用プラスチック辞典」実用プラスチック辞典編集委員会、産業調査会、１９９３年
- 「分子の造形 やさしい化学結合論」Linus Pauling／Roger Hayward著、木村健二郎・大谷寛治訳、丸善、１９８４年
- 「Nikkei Materials & Technology」93.6 no.130 特集汎用プラスチックは進化する 高田憲一、プラスチックス Vol.44、No.2
- 「プラスチックス」Vol.50、No.6、新プラスチック考 中条澄
- 「プラスチック成形材料商取引便覧」化学工業日報社、２００１年
- 「図解プラスチックがわかる本」杉本賢治著、日本実業出版社、２００３年
- 帝人メトン社 カタログ
- 「印刷の最新常識 しくみから最先端技術まで」尾崎公治・根岸和広悦著、日本実業出版社、２００１年
- 「ユーザーのためのプラスチックメタライジング」友野理平著、オーム社、１９５３年
- 「知りたい射出成形」日精樹脂インジェクション研究会著、ジャパンマシニスト社、２０００年
- 「初歩から学ぶプラスチック接合技術」金子誠司著、工業調査会、２００５年
- 「熱成形技術入門」安田陽一著、日報出版、２０００年
- 「プラスチック成形品設計」青木正義著、工業調査会、１９８８年
- 「実例にみる最新プラスチック金型技術」武藤一夫・河野泰久著、工業調査会、１９９７年
- 「プラスチック押出成型の最新技術-応用から自動化まで」澤田慶司著、ラバーダイジェスト社、１９９３年
- 「プラスチック成形技術」第16巻、第5号、横田 明、１９９９年
- 「やさしいレオロジー」村上謙吉著、産業図書、１９８６年

- 「プラスチック成形加工学 II 成形加工における移動現象」梶原稔尚・佐藤勲・久保田和久・濱田泰以・小山清人著、シグマ出版、１９９７年
- 「初めて学ぶ基礎材料学」宮本武明監修、日刊工業新聞社、２００３年
- 「実践成形技術とその利用法」プラスチックス編集部編、工業調査会、２００３年
- 「プラスチック成形加工学会テキストシリーズ プラスチック成形加工学 I 流す・形にする・固める」プラスチック成形加工学会編、シグマ出版、１９９６年
- 「射出成形品の高度化」Ｐ１８、技術指導施設費補助事業技術普及講習会用テキスト、四辻晃・殿谷三郎・小松原勤・泊清隆・川口正著、１９８１年
- 日精超高速充填射出成形機カタログ
- コマツ精密射出成形機カタログＦＫＳＨＧ
- 「加熱と冷却」伊藤公正著、工業調査会、１９７１年
- 「コストダウンのための金型温度制御」浜田　修著、シグマ出版、１９９５年
- 「中小企業経営の新視点」商工総合研究所編、中央経済社、１９９３年
- 「技能検定受検の手びき」廣恵章利著、シグマ出版、１９９４年
- 「プラスチック成形技能検定 平成4年度公開試験問題集の解説」廣恵章利著、三光出版社、１９９３年
- 「プラスチック成形技能検定 模擬試験問題80問」中野一著、三光出版社、１９９０年
- 「プラスチック成形技能検定の解説特級編」全日本プラスチック成形工業連合会編、三光出版社、１９８９年
- 「特級技能検定受験テキスト特級技能検定」受験研究会編、日刊工業新聞社、１９８９年
- 「トコトンやさしいバイオプラスチックの本」日本バイオプラスチック協会編、日刊工業新聞社、２００９年
- 「わかりやすい押出成形技術」沢田慶司著、丸善出版、２０１１年
- 「実践 高付加価値プラスチック成形法」奮橋章著、日刊工業新聞社、２００８年
- 「トコトンやさしい金型の本」吉田弘美著、日刊工業新聞社、２００７年
- 「トコトンやさしいプラスチックの本」本山卓彦・平山順一著、日刊工業新聞社、２００３年
- 「図解でわかるプラスチック」澤田和弘著、ソフトバンククリエイティブ、２００８年
- 「図解プラスチックの話」大石不二夫著、日本実業出版社、１９９７年
- 「設計・開発者のための回転成形 技術ハンドブック」スイコウー㈱技術資料
- 「よくわかる接着技術」セメダイン著、日本実業出版社、２００８年

찾아보기

163

알기 쉬운 플라스틱성형

2020년 12월 30일 1판 1쇄 펴냄

지은이 요코타 아키라 | **옮긴이** 원시태 · 유종근
펴낸이 류원식 | **펴낸곳** 교문사

편집팀장 모은영 | **책임편집** 이유나 | **표지디자인** 유선영 | **본문편집** OPS design

주소 (10881) 경기도 파주시 문발로 116
전화 031-955-6111 | **팩스** 031-955-0955
등록 1960. 10. 28. 제406-2006-000035호
홈페이지 www.gyomoon.com | **E-mail** genie@gyomoon.com
ISBN 978-89-363-2125-3 (93550)
값 14,500원